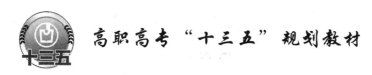

高职高专"十三五"规划教材

型钢孔型设计与螺纹钢生产

宫 娜 主编

U0326250

北 京

冶金工业出版社

2016

内 容 简 介

本书共 4 章，主要内容包括型钢孔型确定、螺纹钢生产、螺纹钢产品质量控制、螺纹钢生产管理及技术经济指标等内容。

本书可作为高职高专材料成型与控制技术专业教材（配有教学课件），也可供冶金企业型钢生产等相关岗位职工培训或相关工程技术人员参考。

图书在版编目（CIP）数据

型钢孔型设计与螺纹钢生产/宫娜主编. —北京：
冶金工业出版社，2016.8
高职高专"十三五"规划教材
ISBN 978-7-5024-7289-4

Ⅰ.①型… Ⅱ.①宫… Ⅲ.①型钢—孔型（金属压力加工）—设计—高等职业教育—教材 ②螺纹钢—生产工艺—高等职业教育—教材 Ⅳ.①TG142 ②TG335.6

中国版本图书馆 CIP 数据核字（2016）第 193621 号

出 版 人 谭学余
地　　址　北京市东城区嵩祝院北巷 39 号　邮编　100009　电话　(010)64027926
网　　址　www.cnmip.com.cn　电子信箱　yjcbs@cnmip.com.cn
责任编辑　俞跃春　贾怡雯　美术编辑　杨　帆　版式设计　葛新霞
责任校对　王永欣　责任印制　李玉山
ISBN 978-7-5024-7289-4
冶金工业出版社出版发行；各地新华书店经销；固安华明印业有限公司印刷
2016 年 8 月第 1 版，2016 年 8 月第 1 次印刷
787mm×1092mm　1/16；10.75 印张；256 千字；159 页
30.00 元

冶金工业出版社　投稿电话　(010)64027932　投稿信箱　tougao@cnmip.com.cn
冶金工业出版社营销中心　电话　(010)64044283　传真　(010)64027893
冶金书店　地址　北京市东四西大街 46 号(100010)　电话　(010)65289081(兼传真)
冶金工业出版社天猫旗舰店　yjgycbs.tmall.com

（本书如有印装质量问题，本社营销中心负责退换）

序

2016年是"十三五"开局年，我院继续深化教学改革，强化内涵建设。以冶金特色专业建设带动专业建设，完成了冶金技术专业作为中央财政支持专业建设的项目申报，形成了冶金特色专业群。在教学改革的同时，教务处试行项目管理，不断完善工作流程，提高工作效率；规范教材管理，细化教材选取程序；多门专业课程，特别是专业核心课程的教材，要求其内容更加贴近企业生产实际，符合职业岗位能力培养的要求，体现职业教育的职业性和实践性。

我院还与天津市教委高职高专处联合召开"天津市高职高专院校经管类专业教学研讨会"，聘请国家高职高专经济类教学指导委员会专家作专题讲座；研讨天津市高职高专院校经管类专业教学工作现状及其深化改革的措施，对天津市高职高专院校经管类专业标准与课程标准设计进行思考与探索；对"十三五"期间天津高职高专院校经管类专业教材建设进行研讨。

依据研讨结果和专家的整改意见，为了推动职业教育冶金技术专业教育改革与建设，促进课程教学水平的提高，我们组织编写了冶炼、轧制等专业方向职业教育系列教材。编写前，我院与冶金工业出版社联合举办了"天津冶金职业技术学院'十三五'冶金类教材选题规划及教材编写会"，并成立了"天津冶金职业技术学院冶金技术专业群及环境工程技术专业'十三五'规划教材编委会"，会上研讨落实了高职高专规划教材及实训教材的选题规划情况，以及编写要点与侧重点，突出国际化应用，最后确定了第一批规划教材，即汉英双语教材《连续铸钢生产》、《棒线材生产》、《热轧无缝钢管生产》、《炼铁生产操作与控制》四种，以及《金属塑性变形与轧制技术》、《轧钢设备点检技术应用》、《钢丝生产工艺及设备》、《型钢孔型设计与螺纹钢生产》、《大气污染控制技术》、《水污染控制技术》和《固体废物处理处置》等教材。这些教材涵盖了钢铁生产、环境保护主要岗位的操作知识及技能，所具有的突出特点是理实结合、注重实践。编写人员是有着丰富教学与实践经验的教师，有部分参编人员来自企业生产一线，他们提供了可靠的数据和与生产实际接轨的新工艺新技术，保证了本系列教材的编写质量。

　　本系列教材是在培养提高学生就业和创业能力方面的进一步探索和发展，符合职业教育教材"以就业和培养学生职业能力为导向"的编写思想，对贯彻和落实"十三五"时期职业教育发展的目标和任务，以及对学生在未来职业道路中的发展具有重要意义。

天津冶金职业技术学院　教学副院长　孔维军

2016 年 4 月

前　言

　　本书根据该课程涉及的学科面广、实践性强、内容分散、缺乏系统性和连续性等特点，深入浅出地分析型钢孔型设计的方法，避免了繁琐的理论推导，增强了实际应用，对螺纹钢的生产工艺与技术进行了全面的介绍，对螺纹钢的质量控制等也做了相应的介绍。本书尽可能地反映了国内外型钢生产领域的新成果、新进展，充分体现高等职业教育培养应用型人才的宗旨，有利于培养学生分析问题、解决问题的能力。

　　本书是校企合作的成果，天津钢铁集团轧二有限公司给予了大力支持。本书由天津冶金职业技术学院宫娜担任主编，周凡参编。其中第1章、第2章和第4章由宫娜编写，第3章由周凡编写。书中引用了许多作者的文献资料，在此一并表示感谢。

　　本书配套的教学课件读者可从冶金工业出版社官网（http：//www. cnmip. com. cn）教学服务栏目中下载。

　　由于编者水平所限，书中难免有不妥或遗漏之处，恳请读者批评指正。

编者

2016 年 4 月

目　录

1 型钢孔型确定

1.1 型钢孔型认知

将钢锭或钢坯在连续变化的轧辊孔型中进行轧制，以获得所需的断面形状、尺寸和性能的产品，为此而进行的设计和计算工作称为孔型设计。

1.1.1 孔型设计的内容

孔型设计是型钢生产的工具设计。孔型设计的全部设计和计算包括三个方面：

（1）断面孔型设计。根据原料和成品的断面形状和尺寸及对产品性能的要求，确定孔型系统、轧制道次和各道次的变形量，以及道次的孔型形状和尺寸。

（2）配辊。确定孔型在各机架上的分配及其在轧辊上的配置方式，以保证轧件能正常轧制、操作方便、成品质量好和轧机产量高。

（3）轧辊辅件设计——导卫和诱导装置的设计。诱导装置应保证轧件能按照所要求的状态进、出孔型，或者使轧件在孔型以外发生一定的变形，或者对轧件起矫正或翻转作用等。

1.1.2 孔型设计的要求

孔型设计是型钢生产中的一项极其重要的工作，它直接影响着成品质量、轧机生产能力、产品成本、劳动条件和劳动强度。因此，合理的孔型设计应满足以下几点基本要求：

（1）保证获得优品质。所轧产品除断面形状正确和断面尺寸在允许偏差范围之内外，应使表面光洁，金属内部的残余应力小，金相组织和力学性能良好。

（2）保证轧机生产率高。轧机的生产率决定于轧机的小时产量和作业率。影响轧机小时产量的主要因素是轧制道次数及其在各机架上的分配。在一般情况下，轧制道次数越少越好。在电机和设备允许条件下，尽可能实现交叉轧制，以达到加快轧制节奏，提高小时产量的目的。影响轧机作业率的主要因素是孔型系统、孔型和轧辊辅件的共用性。

（3）保证产品成本最低。为了降低生产成本，必须降低各种消耗。由于金属消耗在成本中起主要作用，故提高成材率是降低成本的关键。因此，孔型设计应保证轧制过程进行顺利，便于调整，减少切损和降低废品率；在用户无特殊要求的情况下，尽可能按负偏差进行轧制。同时，合理的孔型设计也应保证减少轧辊和电能的消耗。

（4）保证劳动条件好。孔型设计时除考虑安全生产外，还应考虑轧制过程易于实现机械化和自动化，轧制稳定，便于调整；轧辊辅件坚固耐用，装卸容易。

应当指出的是，孔型设计时必须考虑各轧钢车间主辅设备的性能及其布置。机械地将某一轧钢车间的孔型设计搬到另一车间使用往往是要失败的。由于孔型设计目前还处于经验设计阶段，孔型设计的合理与否主要取决于孔型设计工作者的经验与水平。为了正确解决上述问题，利用计算机辅助孔型设计是十分必要的。目前，国内外已利用这种设计方法做出最优孔型设计。

1.1.3　孔型设计的程序

1.1.3.1　孔型设计的基本程序

（1）了解产品的技术条件。产品的技术条件包括产品的断面形状、尺寸及其允许偏差，也包括对产品表面质量、金相组织和性能的要求；对某些产品还应了解用户的使用情况及其特殊要求。

（2）了解原料条件。原料条件包括已有的钢锭或钢坯的形状和尺寸，或者是按孔型设计要求重新选定原料的规格。

（3）了解轧机的性能及其他设备条件。包括轧机的布置、机架数、辊径、辊身长度、轧制速度、电机能力、加热炉、移钢和翻钢设备、工作辊道和延伸辊道、延伸台、剪机或锯机的性能以及车间平面布置情况等。

（4）选择合理的孔型系统。选择孔型系统是孔型设计的关键步骤之一。对于新产品，设计孔型之前应该了解类似产品的轧制情况及其存在的问题，作为考虑新产品孔型设计的依据之一。对于老产品，应了解在其他轧机上轧制该产品的情况及其存在问题。在品种多，但产量要求不高的轧机上，应该采用共用性大的孔型系统，这样可以减少换辊次数及轧辊的储备量。但在品种比较单一，即专业化较高的轧机上，应该尽量采用专用的孔型系统，这样可以排除其他产品的干扰，使产量提高。

1.1.3.2　轧槽与孔型

A　轧槽与孔型

热轧型钢时，为了将矩形和方形断面的钢锭或钢坯轧成各种断面形状的钢材，轧件必须在连续变化的孔型中进行轧制。为了获得所要求的断面形状和尺寸的轧件，在轧辊上刻有凹入或凸出的槽子，把刻在一个轧辊上的槽子称为轧槽。孔型就是两个轧辊轧槽所围成的断面形状尺寸，如图 1-1 所示。

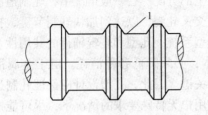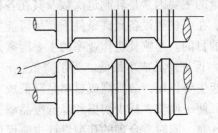

图 1-1　轧槽与孔型示意图

1—轧槽；2—孔型

B　轧制面

通过两个轧辊或两个以上的轧辊轴线的垂直平面，即轧辊出口处的垂直平面称为轧制面。

1.1.3.3 孔型分类

孔型通常按孔型形状、在轧辊上配置及用途进行分类。

A 按形状分类

孔型按形状可分为两大类：简单断面孔型（如箱型孔型、菱形孔型、六角孔型、方孔型、圆孔型等）和异型断面孔型（如工字形孔型、槽形孔型、T字形孔型等）。如图1-2所示。

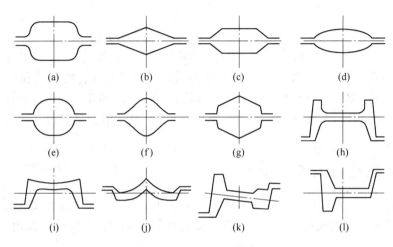

图 1-2 孔型形状分类

(a) 箱型孔型；(b) 菱形孔型；(c) 六角形孔型；(d) 椭圆形孔型；(e) 圆孔型；(f) 方孔型；
(g) 六边形孔型；(h) 工字形孔型；(i) 槽形孔型；(j) 角形孔形；(k) 轨形孔型；(l) 丁字形孔型

B 按孔型在轧辊上的切槽方法分类

（1）开口孔型。孔型辊缝在孔型周边之内的称为开口孔型，其水平辊缝一般位于孔型高度中间。

（2）闭口孔型。孔型的辊缝在孔型周边之外的称为闭口孔型。

（3）半闭口孔型。通常称为控制孔型（如控制槽钢腿部高度等），其辊缝常靠近孔型的底部或顶部。

（4）对角开口孔型。孔型的辊缝位于孔型的对角线。如左边的辊缝在孔型的下方，则右侧的辊缝就在孔型的上方。

以上4种孔型如图1-3所示。

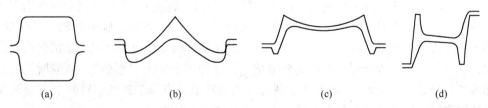

图 1-3 孔型配置方式

(a) 开口孔型；(b) 闭口孔型；(c) 半闭口孔型；(d) 对角开口孔型

C 按用途分类

根据孔型在总的轧制过程中的位置和其所起的作用,可将孔型分为4类。

(1) 延伸孔型(又称开坯孔型或毛轧孔型)。延伸孔型的作用是迅速地减小坯料的断面面积,以适应某种产品的需要。延伸孔型与产品的最终形状没有关系。常用的延伸孔型有箱形孔、方形孔、菱形孔、六角形孔、椭圆形孔等。

(2) 成型孔型(又称中间孔型)。成型孔型的作用是除了进一步减小轧件断面外,还使轧件断面的形状与尺寸逐渐接近成品的形状和尺寸。轧制复杂断面型钢时,这种孔型是不可缺少的孔型,它的形状决定于产品断面的形状,如蝶式孔、槽形孔等。

(3) 成品前孔。成品前孔位于成品孔的前一道,它的作用是保证成品孔能够轧出合格的产品。因此,对成品前孔的形状和尺寸要求较严格,其形状和尺寸与成品孔十分接近。

(4) 成品孔。成品孔是整个轧制过程中的最后一个孔型。它的形状和尺寸主要取决于轧件热状态下的断面形状和尺寸。考虑热膨胀的存在,成品孔型的形状和尺寸与常温下成品钢材的形状和尺寸略有不同。为延长成品孔寿命,成品孔尺寸按成品的负公差或部分负公差设计。

1.1.3.4 孔型组成及其部分的作用

型材品种繁多,断面形状差异也很大。因此,生产型材所用的孔型也是多种多样的,但无论什么孔型,在组成孔型的几何结构上都有共同的部分,如辊缝、圆角、侧壁斜度、锁口等。

A 辊缝

沿轧辊轴线方向用来把轧槽与轧槽分开的轧辊辊身部分称为辊环。在型钢轧机轧制轧件时,同一孔型两侧的上下轧辊辊环之间的距离称为辊缝,以 S 来表示。型钢轧机辊缝值见表1-1。

表 1-1 型钢轧机辊缝值

轧机类型	初轧机及三辊开坯机	500~650mm 开坯机	轨梁和大中型轧机			小型轧机		
			开坯	粗轧	精轧	开坯	粗轧	精轧
辊缝值 S/mm	6~20	6~20	8~15	6~10	4~6	6~10	3~5	1~3

辊缝有如下作用:

(1) 在轧辊空转时,为防止两轧辊辊环间发生接触摩擦,要在两辊辊环间留有缝隙。此外,在轧制过程中,除了轧件的塑性变形外,工作机架的各部件在轧制力的作用下还发生弹性变形,如工作机架牌坊立柱的拉伸,轧辊弯曲,压下螺丝、轴承和轴瓦的压缩等,再加上各部件之间的缝隙因部件受压而变小。上述各种因素作用的结果,是机架窗口高度增大,上下两轧辊力求分开,而使其缝隙增大,这种现象称为"辊跳",缝隙增大的总数值称为"辊跳值"。因此,在孔型图上所标注的辊缝值,应等于轧机空转时上下辊环间距加上轧辊弹跳,即弹跳应包括在辊缝之内,用公式表示如下:

$$S = l + l'$$

式中　l——上下辊环间距,mm;

l'——弹跳值，mm。

（2）简化轧机调整。轧制时由于轧件温度的变化和孔型设计不当，需要用调整轧辊的方法来纠正，这就要求孔型具有一定大小的辊缝。

（3）在不改变辊径的条件下，增大辊缝可减少轧槽切入深度，这就相应地增加了轧辊强度，使轧辊重车次数增加，延长了轧辊的使用寿命。

（4）在开坯孔型中使用较大的辊缝，可用调整辊缝的方法，从同一个孔型中轧出断面尺寸不同的轧件，因而减少了换辊次数，提高了轧机作业率。

（5）在轧制过程中由于孔型磨损而使孔型高度增加，为保持孔型原有高度，可通过减小辊缝的方法来达到。

B　侧壁斜度

一般孔型的侧壁均不垂直于轧辊轴线而有
一些倾斜。孔型侧壁倾斜的程度称之为侧壁斜
度，如图 1-4 所示，通常用倾斜角的正切表示：

$$\tan\varphi = (B_k - b_k)/2h_k$$

如用百分数则表示为：

$$\varphi = (B_k - b_k)/2h_k \times 100\%$$

式中　B_k——孔型槽口宽度，mm；

　　　b_k——孔型槽底宽度，mm；

　　　h_k——槽的高度，mm。

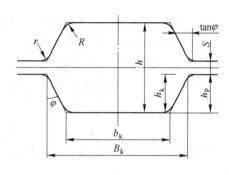

图 1-4　带斜度的箱型孔

侧壁斜度的作用：

（1）轧件易于正确地进入孔型。在垂直侧壁的孔型中，轧件入孔困难，送入不正又会碰到辊环上。而有斜度的孔型侧壁，像一个喇叭口，引导轧件顺利进入孔型，避免了上述缺点。

（2）有利于轧件脱槽。当孔型侧壁与轧辊轴线相垂直时，由于轧制时轧件产生宽展，轧件将严重地受到孔型侧壁的夹持作用，造成脱槽困难，严重时会缠绕轧辊。

（3）能恢复孔型原有宽度。如图 1-5 所示，孔型无侧壁斜度时，当孔型侧壁使用一定时间磨损后，轧辊车削时无法恢复轧槽原有宽度。

（4）减少轧辊车削量，增加轧辊使用寿命。因为孔型侧壁斜度不同，在侧壁磨损量相同的条件下，为恢复孔型原有宽度而车削轧辊的量也不相同，如图 1-6 所示，其关系式如下：

$$\Delta D = D - D' = 2a/\sin\varphi$$

式中　ΔD——轧辊重车量，mm；

　　　D——轧辊原始直径，mm；

　　　D'——轧辊车削后直径，mm；

　　　φ——倾角，（°）；

　　　a——孔型侧壁磨损深度，mm。

当侧壁倾角不大时，$\sin\varphi = \tan\varphi$，则有

$$\Delta D = D - D' = 2a/\tan\varphi$$

可知，当磨损量 a 一定时，φ 角越大，轧辊重车量就越少；反之，轧辊重车量就大，

这就说明了孔型侧壁斜度对轧辊车削量和轧辊使用寿命的影响和它的意义。

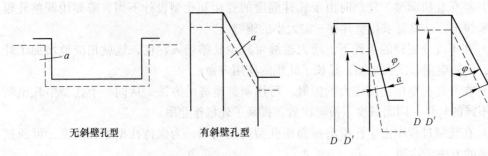

图 1-5 有、无侧壁斜度的孔型   图 1-6 不同侧壁斜度对车削量影响

（5）孔型具有共用性。孔型侧壁具有较大斜度时，可以通过调整孔型的充满度，在同一孔型中轧出不同宽度尺寸的轧件。

（6）加大变形量。当轧制异型钢时，孔型侧壁斜度大，可以允许有较大的腿部变形量，甚至可以减少轧制道次；另外，也有利于提高轧辊强度，改善不均匀变形，较少电能消耗。

C 圆角

孔型的角部都做成圆弧形，由于孔型形状和圆角的位置不同，其所起的作用也不尽相同。

孔型内圆角作用：

（1）防止轧件角部急剧冷却，减少角部发生裂纹的机会；

（2）使槽底应力集中减弱，改善轧辊强度；

（3）可以调整孔型的展宽余地，防止产生耳子；

（4）通过改变圆角尺寸，可以改变孔型的实际面积和尺寸，以调整轧件在孔型中的变形量和充满度。

孔型外圆角作用：

（1）在孔型过充满不大的情况下能形成钝而厚的耳子，避免在下一个孔型内轧制时产生折叠，因为外圆角增加了展宽余地；

（2）较大的外圆角可以使比孔型宽的轧件进入孔型时，不会受到辊环的切割而产生划丝的现象，也避免了刮导卫板事故；

（3）对于异型孔型，适当增大外圆角可以改善轧辊的应力集中，有利于提高轧辊强度。

D 锁口

当采用闭口孔型以及轧制某些复杂断面型钢用的异形孔时，为控制轧件的断面形状而使用锁口，如图 1-7 所示，若在同一孔型中轧制厚度或高度差异较大时，其所用的锁口长度应适当增

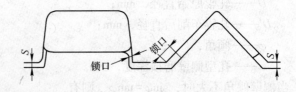

图 1-7 孔型的锁口

加，以防止轧制较厚和较高轧件时金属挤入辊缝。需要注意的是，用锁口的孔型，其相邻孔型的锁口位置是上下相互交替的，以保证轧件形状正确。

1.2 孔型确定的步骤

1.2.1 总轧制道次数的确定

孔型系统选择之后，必须首先确定轧制该产品时所采用的总轧制道次数及按道次分配变形量。

1.2.1.1 已知钢锭或钢坯的断面尺寸

如用矩形断面的钢锭轧成矩形断面的钢坯，如图 1-8 所示，则总压下量为：

$$\sum \Delta h = (1 + \beta)\left[(H - h) + (B - b)\right]$$

总轧制道次为：

$$n = \frac{\sum \Delta h}{\Delta h_c}$$

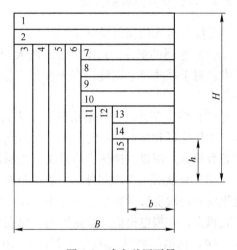

图 1-8 确定总压下量

式中 β——宽展系数，$\beta = \dfrac{\Delta b}{\Delta h} = 0.15 \sim 0.25$；

Δh_c——道次平均压下量，$\Delta h_c = (0.8 \sim 1.0)\Delta h_{max}$。

轧制型钢时，由于断面形状比较复杂，而且压下量是不均匀的，所以变形量通常用延伸系数来表示。当坯料和成品的横断面的面积为已知时，总延伸系数为：

$$\mu_{\sum} = \mu_1 \mu_2 \mu_3 \cdots \mu_n = \frac{F_0}{F_1} \times \frac{F_1}{F_2} \times \frac{F_2}{F_3} \times \cdots \times \frac{F_{n-1}}{F_n} = \frac{F_0}{F_n}$$

式中 F_1，F_2，F_3，$\cdots$，F_n——各道轧后的轧件横断面面积；

F_0、F_n——坯料和成品的横断面面积。

如用平均延伸系数 μ_c 代替各道的延伸系数，则：

$$\mu_{\sum} = \mu_c^n$$

由此可以确定出总轧制道次数：

$$n = \frac{\lg \mu_{\sum}}{\lg \mu_c} = \frac{\lg F_0 - \lg F_n}{\lg \mu_c}$$

轧制道次数应取整数，具体应取奇数还是偶数则取决于轧机的布置。平均延伸系数 μ_c 是根据经验或同类轧机用类比法选取。在实际设计时也可以根据轧机的具体条件，首先选择最合理的轧制道次，然后求出生产该产品的平均延伸系数：

$$\mu_c = \sqrt[n]{\mu_{\sum}}$$

然后将这一平均延伸系数与同类型轧机生产该产品所使用的平均延伸系数相比较，若接近或小于上述数字，则说明生产是可能的，若大于这些数字很多时，则需要增加道次。若增加道次也不能解决，则说明原料断面过大，需要首先轧成较小的断面，然后经过再加热才能轧出成品。

1.2.1.2　可任意选择几种钢坯尺寸

此时应该根据轧机的具体情况选择最合理的轧制道次，然后求出钢坯的横断面面积

$$F_0 = F_n \mu_c^n$$

钢坯的边长为 $\sqrt{F_0}$，根据计算出的钢坯边长选择与其接近的钢坯尺寸。

1.2.2　各道次变形量的分配

分配各道次的变形量应注意以下几个问题：

（1）金属的塑性。根据对金属的大量研究表明，金属的塑性一般不成为限制变形的因素。对于某些合金钢锭，在未被加工前，其塑性较差，因此要求前几道次的变形量要小些。

（2）咬入条件。在许多情况下咬入条件是限制道次变形量的主要因素，例如在初轧机、钢坯轧机和型钢轧机的开坯道次，此时轧件温度高，轧件表面常附着氧化铁皮，故摩擦系数较低。所以，选择这些道次的变形量时要进行咬入验算。

（3）轧辊强度和电机能力。在轧件很宽而且轧槽切入轧辊很深时（如异型孔型），轧辊强度对道次变形量也起限制作用。在一般情况下轧辊工作直径应不小于辊脖直径。在新建轧机上，一般电机能力是足够的，仅在老轧机上，电机能力往往限制着道次的变形量。

（4）孔型的磨损。在轧制过程中，由于摩擦力的存在，孔型不断磨损。变形量越大，孔型磨损越快。孔型的磨损直接影响到成品尺寸的精确度和表面的粗糙度。同时，孔型的磨损增加了换孔换辊时间，影响轧机量。成品尺寸的精确度和表面粗糙度主要决定于最后几道，所以成品道次和成品前道次的变形量应取小些。

不难看出，影响道次变形量的因素是很复杂的，经常是各种因素综合起作用。

图 1-9 所示为变形系数按道次分配的典型曲线，主要依据是：在轧制初期，因轧件温度高，金属的塑性、轧辊强度与电机能力不成为限制因素，而炉生氧化铁皮使摩擦系数降低，咬入条件成为限制变形量的主要因素；继之，随着炉生氧化铁皮的剥落，咬入条件得到改善，而此时轧件温度降低不多，故变形系数可不断增加，并达到最大值；随着轧制过程的继续进行，轧件的断面面积逐渐减小，轧件温度降低，变形抗力增加，轧辊强度和电机能力称为限制变形量的主要因素，因此变形系数降低；在最后几道中，为了减少孔型磨损，保证成品断面的形状和尺寸的精确度，应采用较小的变形系数。曲线的变化范围很大，是考虑其他意外因素的影响。

在实际生产过程中，为了合理地分配变形系数，必须对具体的生产条件做具体的分析。如在连轧机上轧制时，由于轧制速度高，轧件温度变化小，所以各道的延伸系统可以取成相等或近似相等，如图 1-10 所示。

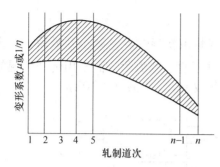
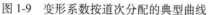

图 1-9 变形系数按道次分配的典型曲线

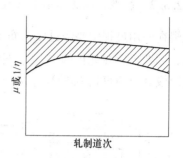

图 1-10 连轧机上延伸系数按道次分配曲线

各道次的延伸系数被确定之后，要用其连乘积进行校核。若其连乘积等于总延伸系数，则说明确定的各道次的延伸系数是对的；否则需要调整各道次的延伸系数使其连乘积等于总延伸系数。

1.2.3 孔型在轧辊上的配置

在孔型系统及各孔型的尺寸确定之后，还要合理地将孔型分配和布置到各机架的轧辊上去。配辊应做到合理，以便使轧制操作方便，保证产品的质量和产量，并使轧辊得到有效的利用。

1.2.3.1 孔型在轧辊上的配置原则

为了合理配置孔型，一般应遵守如下原则：

（1）孔型在各机架的分配原则是力求轧机各架的轧制时间均衡。在横列式轧机上，由于前几道轧件短，轧件在孔型中轧制时间也短，所以头一架可以多布置几个孔型（道次），而在接近成品孔型时，由于轧件较长，则机架上就应少布置孔型（道次），这样可使各机架的轧制时间均衡。

（2）为了便于调整，成品孔必须单独配置在成品机架的一个轧制线上。

（3）根据各孔型的磨损程度及其对质量的影响，每一道备用孔型的数量在轧辊上应有所不同。如成品孔和成品前孔对成品的表面质量与尺寸精度有很大影响，所以成品孔和成品前孔在轧辊长度允许的范围内应对配几个，这样当孔型磨损到影响成品质量时，可以只换孔型，而不需换辊。

（4）咬入条件不好的孔型在操作困难的道次应尽量布置在下轧制线，如立轧孔，切深孔等。

（5）确定孔型间距即辊环宽度时，应同时考虑辊环强度以及安装和调整轧辊辅件的操作条件。辊环强度取决于轧辊材质、轧槽深度和辊环根部的圆角半径大小。钢轧辊的辊环宽度应大于或等于轧槽深度之半；铸铁辊的辊环宽度应大于或等于轧槽深度。确定辊环宽度时除考虑其强度外，还应考虑导板的厚度或导板箱的尺寸以及调整螺丝的长度和操作所需的位置大小。边辊环的宽度一般取如下数值：初轧机 50~100mm，轨梁与大型轧机 100~150mm，三辊开坯机 60~150mm，中小型轧机 50~100mm。

1.2.3.2　轧辊直径及其车削系数

轧辊在使用过程中要经过多次重车，轧辊直径将由新辊的 D_{max} 减小到最后一次重车的 D_{min}，因此型钢在轧机的 D 大小不能用实际的轧辊直径来表示，而是用传动轧辊的齿轮中心距或其节圆直径 D_0 的尺寸来表示，D_0 称为名义直径，如图 1-11 所示。

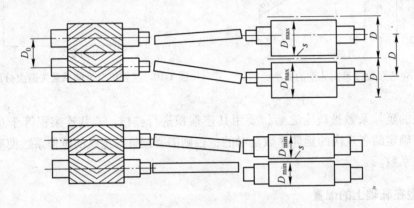

图 1-11　轧机尺寸与轧辊直径

轧辊的车削系数可用下式表示：

$$K = \frac{D_{max} - D_{min}}{D_0}$$

当最大轧辊直径的连接轴倾角与最小轧辊直径的连接轴倾角相等时有：

$$D_0 = \frac{(D_{max} + s) + (D_{min} + s)}{2}$$

对开坯的型钢轧机，$K = 0.08 \sim 0.12$。K 值大小受连接轴允许倾角的限制，当用万向或万能连接轴时，其倾角可达到 10°；用梅花接轴时，其倾角一般不超过 4.5°，通常不大于 2°。最理想的是新辊的连接轴倾角与轧辊使用到最后一次时连接轴的倾角相等，在这种条件下联立以上两个方程式得到：

$$D_{max} = \left(1 + \frac{K}{2}\right) D_0 - s$$

$$D_{min} = \left(1 - \frac{K}{2}\right) D_0 - s$$

在配置孔型或画配辊图时，新轧辊的直径 D 为依据的。D 称为原始直径。由图 1-11 可以看出，$D = D_{max} + s$。

由于孔型的形状是各式各样的，所以孔型各点的圆周速度也是不同的，但轧件只能以某一平均速度出孔，所以通常把轧件出孔速度相对应的轧辊直径 D_k（不考虑前滑）称为轧辊的工作（轧制）直径。

当轧件充满孔型时，轧辊平均工作直径为：

$$D_k = D - H_c = D - \frac{F}{B}$$

式中　　H_c——孔型的平均高度；

　　　　F——孔型的面积；

　　　　B——孔型的宽度。

1.2.3.3 轧辊的"上压力"与"下压力"

轧制过程中希望轧件能平直地从孔型中出来。但在实际生产中由于受各种因素（如轧件各部分温度不均匀、孔型的磨损以及上下轧槽形状不同等）的影响，轧件出孔后不是平直的，这不但给工人的操作带来困难，影响轧机产量和质量。而且也会造成人身和设备事故。为了使轧件出孔后有一个固定的方向，在生产中常采用不同辊径的轧辊。若上轧槽轧辊的工作直径大于下轧槽轧辊的工作直径，则称为"上压力"轧制，反之称为"下压力"轧制。上下两辊工作直径相差的值称为"压力"值。如 5mm 的"上压力"就是上辊工作直径比下辊工作直径大 5mm。

当采用"上压力"轧制时，由于上辊圆周速度大于下辊，使轧件出口后向下弯曲，所以只需在下辊上安装卫板，这样轧件出孔时，前端沿卫板滑动，之后获得平直方向。

轧制型钢时大部分采用"上压力"，因为这样可以避免安装复杂的上卫板。另外，使用上卫板时机架被堵塞，难于观察轧辊。

在初轧机上采用"下压力"，这是为了减轻轧件前端对辊道第一个辊子的冲击。

孔型设计时"压力"值不应取得太大，因为"压力"值太大对轧件和设备都有坏处：

（1）辊径差造成上、下辊压下量分布不均，其结果是上、下轧槽磨损不均，如图 1-12（a）所示。

（2）辊径差使上、下辊圆周速度不同，而轧件是企图以平均速度出辊的，结果造成轧辊与轧件之间的相对滑动，使轧件中产生附加应力。

（3）辊径差使轧机产生冲击作用。大辊径的轧辊力求通过轧件增加小辊径轧辊的速度。因为轧辊是通过梅花轴和梅花套筒与齿轮传动联系在一起的，小轧辊速度的增加受到轴和套筒的阻碍，在这种情况下，小轧辊对自己的连接件成为主动的，如图 1-12（b）所示，而大轧辊的轴和套筒产生过载。当轧件从轧辊轧出后，小轧辊摆脱了大轧辊的作用，重新成为被动的，其连接件重新成为主动的，如图 1-12（c）所示。由于轧辊的梅花头与连接件之间存在间隙，所以在轧机中发生使梅花头、轴和套筒磨损的冲击作用，容易使这些零件破坏。

由此可见，采用"上压力"或"下压力"轧制有其有利的一面，也有不利的一面。为了保证设备的正常运转，"压力"值不应去得太大。建议"压力"值采用下列数值：

　　　　对延伸箱形孔型不大于 $3\% \sim 4\% D_0$；

　　　　对其他形状的开口延伸孔型不大于 $1\% D_0$；

　　　　对成品孔尽量不采用"压力"。

使轧件向上或向下弯曲是两辊的速度差造成的，所以正确表示轧辊"压力"值应当用速度差的概念，而不是辊径差。如确定采用 50mm/s 的上压力，当轧辊直径为 500mm，轧辊转数为 100r/min，用 10mm 的"上压力"可以获得要求的速度差，即

$$\Delta V = \frac{\pi n}{60}(D_r - D_K) = \frac{3.14 \times 100}{60}(510 - 500) = 52.3 \text{mm/s}$$

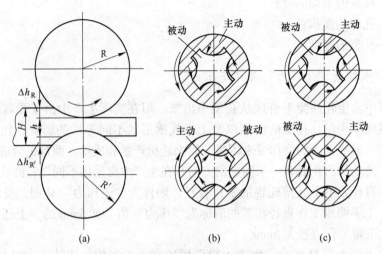

图 1-12　用不同辊径的轧辊轧制轧件

而在高速的轧机上，用较小的辊径差也可以获得要求的速度差，如轧辊转速为 200r/min 时，

$$\frac{\pi n}{60}(D_r - D_K) = \frac{3.14 \times 200}{60}(D_r - D_K) = 52.3 \text{mm/s}$$

$$D_r - D_K = 5 \text{mm}$$

只需用 5mm 的辊径差即可。这说明轧辊转数越高，为建立同样的轧辊"压力"所需的辊径差就越小。

1.2.3.4　轧辊中线和轧制线

为了将孔型以一定的"压力"值配置在轧辊上，还需了解几个概念。

两个轧辊轴线之间的距离称为轧辊的平均直径 D_c。等分这个距离的水平线称为轧辊中线。如不采用"上压力"或"下压力"时，配辊应将孔型的中性线（对箱形孔、方形孔、菱形孔、椭圆孔等简单对称孔型，孔型中性线就是孔型的水平对称轴线）与轧辊中性线相重合。

当采用"上压力"或"下压力"时，孔型的中性线必须配置在离轧辊中线一定距离的另一条水平线上，以保证一个轧辊的工作直径大于另一个轧辊，该线称为轧制线。不难理解，当采用"上压力"时，轧制线应在轧辊中线之下，反之则相反。假如"上压力"为 m 时，轧制线与轧辊中线之间的距离 X 可按如下方法确定（图 1-13）。

已知　　　　　　　　　　　$R_{k上} - R_{k下} = m/2$

由图 1-13 可知　　　　$R_{上} = R_c + x; \ R_{k上} = R_{上} - H_c/2$

　　　　　　　　　　　$R_{下} = R_c - x; \ R_{k下} = R_{下} - H_c/2$

由上述关系得

$$R_{k上} - R_{k下} = 2x$$

所以　　　　　　　　　　　$x = m/4$

由此可以得出，当采用"上压力"轧制时，轧制线在轧辊中线之下 $m/4$ 处；采用

"下压力"轧制时，轧制线在轧辊中线之上 $m/4$ 处。

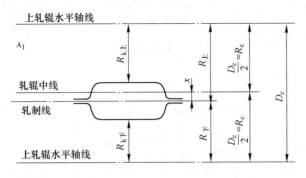

图 1-13 采用上压力时轧辊的配置情况

1.2.3.5 孔型的中性线

上、下轧辊作用于轧件上的力对孔型中某一水平直线的力矩相等，这一水平直线称为孔型的中性线。确定孔型中性线的目的在于配置孔型，即把它与轧辊中线相重合时，则上、下两辊的轧制力矩相等，这使轧件出轧辊时能保持平直；若使它与轧制线相重合，则能保证所需的"压力"轧制。

前面已经讲过，对简单的对称孔型，孔型的中性线就是孔型的水平对称轴线。对非对称孔型，孔型中性线一般按如下方法确定。

（1）重心法。重心法是最常用的方法，它是首先求出孔型的面积重心，然后通过重心画水平直线，该直线就是孔型的中性线。这种方法对于水平轴不对称的孔型经常不能得到满意的结果。

（2）面积相等法。将等分孔型面积的水平线作为孔型的中性线，如图 1-14（a）所示，$F_a = F_b$。

（3）周边重心法。是把上下轧槽重心间距的等分线作为孔型的中性线，如图 1-14（b）所示。

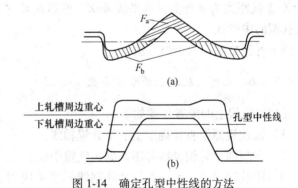

图 1-14 确定孔型中性线的方法
（a）面积相等法；（b）周边重心法

（4）按轧辊工作直径确定孔型中性线的方法。假设孔型为任意形状（图 1-15），将它分成 m 垂直等分。对于每等分的轧辊工作直径上辊用 D_1，D_2，D_3，$\cdots$，D_m 表示，下辊用 D'_1，D'_2，D'_3，$\cdots$，D'_m 表示。

根据上下轧辊平均速度相等的条件

$$\frac{\pi n}{60} \times \frac{D_1 + D_2 + D_3 + \cdots + D_m}{m} = \frac{\pi n}{60} \times \frac{D'_1 + D'_2 + D'_3 + \cdots + D'_m}{m}$$

可得：

$$\frac{\sum\limits_{1}^{m} D_1}{m} = \frac{\sum\limits_{1}^{m} D'_1}{m}$$

即
$$D_c = D'_c$$

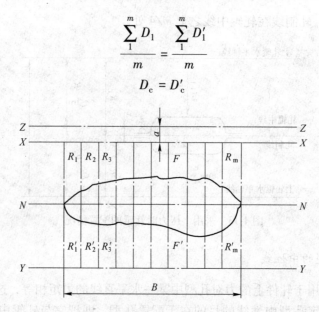

图 1-15　按轧辊工作直径确定孔型中性线

为了确定平均工作直径 D_c 和 D'_c，在孔型上、下两侧划两条任意的水平线 $X\text{-}X$ 和 $Y\text{-}Y$。用求积仪或其他方法求出面积 F 和 F'。

由于 $F = BR_c$ 和 $F' = BR'_c$，则

$$R_c = \frac{F}{B}, \quad R'_c = \frac{F'}{B}$$

假如 $R'_c > R_c$，并且 $R'_c - R_c = a$，说明上辊工作半径需要增加 a 才能达到 R'_c。为此，在高于 $X\text{-}X$ 线距离为 a 处引一水平线 $Z\text{-}Z$，然后在 $Z\text{-}Z$ 和 $Y\text{-}Y$ 之间划一等分线 $N\text{-}N$，该线就是孔型的中性线。

以上各种方法均为近似方法。

1.2.3.6　孔型在轧辊上的配置步骤

孔型在轧辊上的配置步骤如下：

（1）按轧辊原始直径确定上、下轧辊轴线。

（2）在与两个轧辊轴线等距离处画轧辊中线。

（3）距轧辊中线 $x = m/4$ 处画轧制线。当采用"上压力"时，轧制线在轧辊中线之下；"下压力"时轧制线在轧辊中线之上。

（4）使孔型中性线与轧制线相重合，绘制孔型图；确定孔型各处的轧辊直径，画出配辊图。

1.3　型钢成品孔型设计

型钢的品种规格很多，这里仅介绍常见的并有代表性的型钢，即预轧孔型的成品孔型（或精轧孔型系统）的设计方法。

轧件经成品孔型轧制后，便得到成品钢材，所以成品孔型设计得合理与否对成品的质量、轧机产量和轧辊消耗都有一定的影响。

1.3.1 热断面

成品孔型的尺寸和形状与成品名义尺寸和形状并不完全一样，这主要是由于轧件温度和断面温度不均匀对成品尺寸和断面形状的影响。

1.3.1.1 热断面尺寸

轧件从成品孔型轧出后温度一般波动在 $800 \sim 1100℃$ 之间，轧后热状态轧件的尺寸与冷却后轧件的关系为：

$$\frac{h_r}{h} = \frac{b_r}{b} = \frac{l_r}{l} = l + \alpha t$$

式中　h_r，b_r，l_r——轧件的热尺寸；

　　　h，b，l——轧件的冷尺寸；

　　　t——终轧温度；

　　　α——热膨胀系数，通常取 $\alpha = 0.000012$。

为简化计算，不同终轧温度的 $1+\alpha t$ 列于表 1-2。

为了使成品尺寸精确，设计成品孔型时必须考虑轧件的终轧温度，使成品孔型的主要尺寸为成品的 $1.010 \sim 1.0145$ 倍。

表 1-2　不同终轧温度时的 $1+\alpha t$

终轧温度/℃	$1+\alpha t$
800	1.010
900	1.011
1000	1.012
1100	1.013
1200	1.0145

1.3.1.2 热断面形状

轧件在成品孔型中轧制时，断面各部分的温度是不均匀的，在某些条件下，这种温度差将会影响冷却后成品的断面形状，例如，轧制方钢时，菱形轧件进入精轧孔型之前，其锐角部位的温度比钝角部位的低，如图 1-16 所示，因此成品孔型轧出方钢的水平轴温度高于垂直轴，这样冷却后水平轴的收缩量将大于垂直轴，结果（图 1-16）造成垂直轴处的顶角小于 $90°$。为了防止这种现象的发生，同时又由于方钢成品孔型在使用中顶角部位磨损较快，使磨损后的顶角小于 $90°$，如图 1-17 所示，因此不论是从保证成品断面形状正确，还是从延长孔型的使用寿命的角度，使成品孔的水平轴略大于垂直轴都是有益的，此时成品孔型的顶角 $90°30'$，而不是 $90°$。

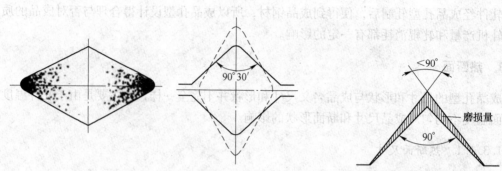

图 1-16 温度不均匀对方断面的影响

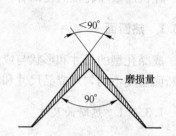

图 1-17 顶角磨损对方断面的影响

1.3.2 负偏差轧制

在实际生产中轧制条件是在不断变化的，如设备零部件和孔型的不断磨损，终轧温度的变化等，想要轧制出没有尺寸偏差的成品是不可能的，所以每种轧制产品都规定有一定的尺寸偏差。偏差的大小是根据钢材的用途和当时轧钢技术的发展水平由国家有关部门颁发的标准决定的。随着轧钢技术水平的发展，偏差规定的范围越来越小。

由于存在偏差，所以成品钢材单位长度的质量是变化的，例如（GB 9887—1988）中规定 8 号角钢腿厚为 7mm 时的理论质量每米为 8.525kg，在接近最大允许负差时每米质量为 7.804kg，在接近最大允许偏差时每米质量为 9.264kg。与理论质量相比，采用最大允许负偏差轧制可节约的钢材为：

$$\frac{8.525 - 7.804}{8.525} \approx 8.5\%$$

在实际生产中全部采用最大允许负偏差轧制是不可能的，也是很危险的。采用负偏差轧制节约钢材量的多少，取决于轧钢设备的装备水平和轧钢调整工利用允许负偏差的程度。为了实现负偏差轧制，孔型设计时必须予以考虑。

综上所述，成品孔型设计的一般程序为：

（1）根据终轧温度确定成品断面的热尺寸。

（2）考虑负偏差轧制和轧机调整，从热尺寸中减去部分（或全部）负偏差，或加上部分（或全部）正偏差。

（3）必要时还要对以上计算出的尺寸和断面形状加以修正。

1.4 圆钢孔型确定

1.4.1 轧制圆钢的孔型系统

圆钢的孔型系统在这里是指轧制圆钢的最后 3~5 个孔型，即精轧孔型系统。常见的圆钢孔型系统有如下四种。

（1）方—椭圆—圆孔型系统，如图 1-18 所示。

这种孔型系统的优点是：延伸系数较大；方轧件在椭圆孔型中可以自动找正，轧制稳定；能与其他延伸孔型系统很好衔接。其缺点是：方轧件在椭圆孔型中变形不均匀；方孔

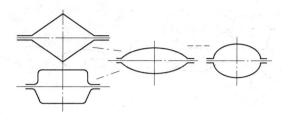

图 1-18　方—椭圆—圆孔型系统

型切槽深；孔型的共用性差。由于这种孔型系统的延伸系数大，所以被广泛应用于小型和线材轧机轧制 32mm 以下的圆钢。

（2）圆—椭圆—圆孔型系统，如图 1-19 所示。

与方—椭圆—圆孔型系统相比，这种孔型系统的优点是：轧件变形和冷却均匀；易于去除轧件表面的氧化铁皮，成品表面质量好；便于使用围

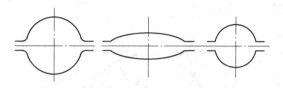

图 1-19　圆—椭圆—圆孔型系统

盘；成品尺寸比较精确；可以从中间圆孔轧出多种规格的圆钢，故共用性较大。其缺点是：延伸系数较小；椭圆件在圆孔中轧制不稳定，需要使用经过精确调整的夹板夹持，否则在孔型、圆孔型中容易出"耳子"，这种孔型系统被广泛应用于小型和线材轧机轧制 40mm 以下的圆钢。在高速线材轧机的精轧机组，采用这种孔型系统可以生产多种规格的线材。

（3）椭圆—立椭圆—椭圆—圆孔型系统，如图 1-20 所示。

这种孔型系统的优点是：轧件变形均匀；易于去除轧件表面氧化铁皮，成品表面质量好；椭圆件在立椭圆孔型中能自动找正，轧制稳定。其缺点是：延伸系数较小；由于轧件产生反复应力，容易出现中心部分疏松，甚至当钢质不良时会出现轴心裂纹。这种孔型系统一般用于轧制塑性较低的合金钢或小型和线材连轧机上。

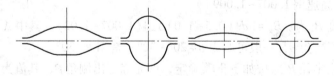

图 1-20　椭圆—立椭圆—椭圆—圆孔型系统

（4）万能孔型系统，如图 1-21 所示。这种孔型系统的优点是：共用性强，可以用一套孔型通过调整轧辊的方法，轧出几种相邻规格的圆钢；轧件变形均匀；易于去除轧件表面氧化铁皮，成品表面质量好。其缺点是：延伸系数较小；不易于使用围盘；立轧孔设计不当时，轧件容易扭转。这种孔型系统适用于轧制 18~200mm 的圆钢。

1.4.2　圆钢成品孔型设计

圆钢成品孔型是轧制圆钢的最后一个孔型，圆钢成品孔型设计得好坏直接影响到成品的尺寸精度、轧机调整和孔型寿命。设计圆钢成品孔型时，一般应考虑到使椭圆度变化最

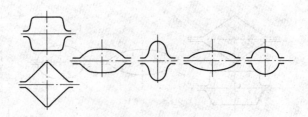

图 1-21　万能孔型系统

小，并且能充分利用所允许的偏差范围，即能保证调整范围最大。为了减少过充满和便于调整，圆钢成品孔的形状采用带有扩张角的圆形孔。目前广泛使用的成品孔构成方法如图 1-22（a）所示。

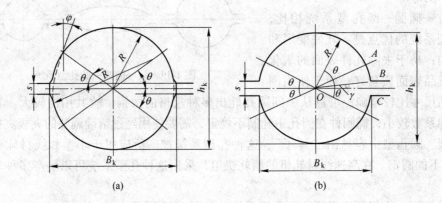

图 1-22　圆钢成品孔的构成

成品孔的基圆半径 $R = 0.5[d-(0\sim1.0)\Delta_-](1.007\sim1.02)$，其中 d 为圆钢的公称直径或称之为标准直径；Δ_- 为允许负偏差；$1.007\sim1.02$ 为膨胀系数，其具体数值根据终轧温度和钢种而定。各钢种可取为：普通钢 $1.011\sim1.015$，碳素工具钢 $1.015\sim1.018$，滚珠轴承 $1.018\sim1.02$，高速钢 $1.007\sim1.009$。

成品孔的宽度 B_k 为：$B_k = [d+(0.5\sim1.0)\Delta_+](1.007\sim1.02)$，其中 Δ_+ 为允许正偏差。

成品孔的扩张半角 θ，一般可取为 $\theta = 20°\sim30°$，常用 $\theta = 30°$。

成品孔的扩张半径 R' 应按如下步骤确定，即先确定出侧角 β，其值为：

$$\beta = \arctan\frac{B_k - 2R\cos\theta}{2R\sin\theta - s}$$

当按上式求出 β 值小于 θ 才能求扩张半径 R'。若 $\beta = \theta$，则只能在孔型的两侧用切线扩张。

当 $\beta < \theta$ 时，则可按下式确定 R'。

$$R' = \frac{2R\sin\theta - s}{4\cos\beta\sin(\theta - \beta)}$$

当 $\beta > \theta$ 时，有两种调整方法。一是调整 B_k、R 和 s 值，使 $\beta \leqslant \theta$；二是调整 θ 角，使 $\beta = \theta$，并用切线扩张。此时如图 1-22（b）所示：

$$\gamma = \arctan \frac{s}{B_k}$$

$$\alpha = \arccos \frac{R}{OB} = \arccos \frac{2R}{\sqrt{B_k^2 + s^2}}$$

$$\theta = \alpha + \gamma = \arccos \frac{2R}{\sqrt{B_k^2 + s^2}} + \arctan \frac{s}{B_k}$$

高速线材轧机，由于成品正负偏差范围很小，成品圆孔通常用切线扩张，扩张角取值范围见表1-3。

表1-3 扩张角取值范围

成品直径/mm	$\phi5.5$	$\phi6.5$	$\phi7$	$\phi8$	$\phi9$	$\phi10$	$\phi12$	$\phi14$
扩张角 $\theta/(°)$	30	30	25	25	20	20	20	20

这时，$B_k = 2R/\cos\theta - s\tan\theta$。

辊缝 s 可根据所轧圆钢直径 d 按表1-4选取，外圆角半径 $r = 0.5 \sim 1\text{mm}$。

应指出，上述尺寸关系适用于轧制一般圆钢的成品孔型，对于轧制某些合金钢，则应根据生产工艺和其他要求，有时不但不用负偏差，而且还要用正偏差设计成品孔，但上述的孔型构成方法仍适用于后者。

表1-4 圆钢成品孔辊缝 s 与 d 的关系

d/mm	$6\sim9$	$10\sim19$	$20\sim28$	$30\sim70$	$70\sim200$
s/mm	$1\sim1.5$	$1.5\sim2$	$2\sim3$	$3\sim4$	$4\sim8$

1.4.3 其他精轧孔型设计

到目前为止，其他精轧孔型都是根据经验数据确定的，此时确定的是孔型尺寸，而不是轧件尺寸，这一点与延伸孔型设计不同。当孔型充满程度不合适时，应修改孔型尺寸。下面按圆钢孔型系统介绍其他精轧孔的设计。

1.4.3.1 方—椭圆—圆孔型系统

方—椭圆精轧孔型的构成如图1-23所示，其尺寸与成品圆钢的关系见表1-5。

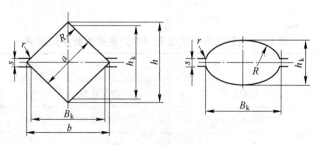

图1-23 方—椭圆孔型尺寸

椭圆孔型的内外半径为

$$R = \frac{(h_k - s)^2 + B_k^2}{4(h_k - s)} \; ; \; r = 1.0 \sim 1.5 \mathrm{mm}$$

方孔型的构成高度 h，宽度 b 以及内外圆角半径 R 和 r 分别为：$h = (1.4 \sim 1.41)a$；$b = (1.41 \sim 1.42)a$；$R = (0.19 \sim 0.2)a$；$r = (0.1 \sim 0.15)a$。辊缝 s：当轧制直径 d 小于 34mm 的圆钢时取 $s = 1.5 \sim 4\mathrm{mm}$；大于 34mm 时可取 $s = 4 \sim 6\mathrm{mm}$。但要注意 s 值和 R 值应相对应，即使 $s < \left(\frac{1}{0.707}R - \frac{0.414}{0.707}r \right)$，以保证获得正确方形断面的条件。

表 1-5 方和椭圆孔型构成尺寸与成品圆钢直径 d 的关系

成品规格 d/mm	成品前椭圆孔型尺寸与 d 的关系		成品前方孔边长 a 与 d 的关系
	$\dfrac{h_k}{d}$	$\dfrac{B_k}{d}$	
6~9	0.70~0.78	1.64~1.96	$(1.0 \sim 1.08)d$
9~11	0.74~0.82	1.56~1.84	$(1 \sim 1.08)d$
12~19	0.78~0.86	1.42~1.70	$(1 \sim 1.14)d$
20~28	0.82~0.83	1.34~1.64	$(1 \sim 1.14)d$
30~40	0.86~0.90	1.32~1.60	$d+(3 \sim 7)$
40~50	约 0.91	约 1.4	$d+(8 \sim 12)$
50~60	约 0.92	约 1.4	$d+(12 \sim 15)$
60~80	约 0.92	约 1.4	$d+(12 \sim 15)$

为了确定轧件在精轧孔型中的尺寸，根据方断面边长 a 或成品直径 $2R$ 来选择轧件在各精轧孔型中的宽展系数 β 可参考表 1-5 中的数据。这样或用其他方法求出的轧件宽度 b 应小于轧槽宽度 B_k，并使 $B_k/b \leqslant 0.95$ 或 $B_k/b = 0.95 \sim 0.85$ 为宜，否则应对孔型尺寸作相应的修改。

当根据表 1-5 及表 1-6 确定出方件边长 a 和确定轧件在成品孔型和椭圆孔型中的宽展系数 β 后，也可按类似两方夹一扁的前述延伸孔型设计方法，根据压下量和宽展系数的关系来确定椭圆件的高度和宽度，再根据轧件尺寸考虑孔型的充满度来确定椭圆孔型的尺寸。

表 1-6 轧件在方—椭圆孔型中的宽展系数 β 的数据

d/mm	β		
	成品孔型	椭圆孔型	方孔型
6~9	0.4~0.6	1.0~2.0	0.4~0.8
10~32	0.3~0.5	0.9~1.3	0.4~0.75

1.4.3.2 圆—椭圆—圆孔型系统

椭圆孔型尺寸按表 1-5 的尺寸关系确定。

当圆钢的直径 d 为 8~12mm 时，椭圆前孔型的基圆直径 D 为：

$$D = h_k = (1.18 ～ 1.22)d$$

当圆钢直径 d 为 13~30mm 时，

$$D = h_k = (1.21 ～ 1.26)d$$

其形状同成品孔，也带有 30°的扩张角。

轧件在圆—椭圆精轧孔型中的宽展系数 β 可按表 1-7 选取。

表 1-7 轧件在圆—椭圆精轧孔型中的宽展系数 β

孔型	成品孔型	椭圆孔型	圆孔型	椭圆孔型	
				$d=15~20mm$	$d\geqslant 20~25mm$
β	0.3~0.5	0.8~1.2	0.4~0.5	0.85~1.2	0.50~0.85

设计圆—椭圆精轧孔型时，同样也可按两圆夹一扁的方法，根据轧件在成品孔型和椭圆孔型中的宽展系数先确定轧件尺寸，然后根据所要求充满度确定孔型尺寸。

1.4.3.3 椭圆—立椭圆—椭圆—圆孔型系统

成品前椭圆孔型的尺寸可按表 1-5 确定。立椭圆孔型的尺寸可参照椭圆—立椭圆孔型系统的设计方法确定。

1.4.3.4 万能（通用）孔型系统

A 万能孔型系统孔型的共用性

一组万能精轧孔型的共用程度依圆钢的直径而异，见表 1-8。表中的 D 和 d 分别为轧制一组圆钢中最大和最小圆钢直径，$D-d$ 最好不超过表中的数据，这是因为 $D-d$ 的值越大，设计出的立压孔高宽比将越小，轧件在立压孔中越不稳定。

表 1-8 一组万能精轧孔型的共用程度

圆钢直径/mm	14~16	16~30	30~50	50~80	>80
相邻圆钢直径差 $D-d$/mm	2	3	4~5	5	10

B 成品前椭圆孔型的设计

椭圆孔型的构成尺寸见表 1-9，其孔型的高度 h_k 是按最小圆钢直径 d 确定，其宽度尺寸 B_k 是按最大圆钢直径 D 确定，其 B_k 和 h_k 与 D 和 d 的关系见表 1-10。在初设计时，最好使 h_k 值小些，以便于调整和做必要的修改。

表 1-9 椭圆孔型尺寸 h_k 和 B_k 与 D 和 d 的关系

圆钢直径/mm	14~18	18~32	40~100	100~180
h_k/d	0.75~0.88	0.80~0.9	0.88~0.94	0.85~0.95
B_k/D	1.5~1.8	1.38~1.78	1.26~1.60	1.22~1.40

辊缝 s 可取 $s \leqslant 0.01D_0$，D_0 为轧辊直径。孔型的内外圆弧半径 R 和 r 的取法同前所述。

1.4.4　圆钢孔型设计实例

某 $\phi400\text{mm}/\phi250\text{mm} \times 5$ 小型轧钢车间分别由两台交流电机传动，成品机架速度为 6.5mm/s。试设计轧制 20mm 圆钢的精轧孔型。

解： 在 $\phi250\text{mm}$ 轧机上轧制 20mm 圆钢可采用方—椭圆—圆孔型系统，也可以采用圆—椭圆—圆孔型系统，考虑到变形均匀、使用圆盘，确定采用圆—椭圆—圆孔型系统。

按国家标准 GB 702—2004，20mm 圆钢的允许偏差 3 组 $\pm0.5\text{mm}$，则成品孔型的尺寸为：

$$B_k = [d + (0.5 \sim 0.1)\Delta_+] \times (0.007 \sim 1.02) = [20 + 0.7 \times 0.5] \times 1.011 = 20.6\text{mm}$$

取 $s = 2\text{mm}$；$\theta = 30°$。则

$$\beta = \arctan\frac{B_k - 2R\cos\theta}{2R\sin\theta - s} = \arctan\frac{20.6 - 19.8\cos30°}{19.8\sin30° - 2} = 23.6°$$

因为 $\beta < \theta$，故可求出 R' 为：

$$R' = \frac{2R\sin\theta - s}{4\cos\beta\sin(\theta - \beta)} = \frac{19.8\sin30° - 2}{4\cos23.6°\sin(30° - 23.6°)} = 19.3\text{mm}$$

参照表 1-7 确定成品前椭圆孔型尺寸为：

$$h_k = (0.80 \sim 0.83)d = 0.80 \times 20 = 16\text{mm}$$
$$B_k = (1.34 \sim 1.64)d = 1.6 \times 20 = 32\text{mm}$$

取辊缝 $s = 3\text{mm}$，则椭圆半径 R 为：

$$R = \frac{(h_k - s)^2 + B_k^2}{4(h_k - s)} = \frac{(16 - 3)^2 + 32^2}{4 \times (16 - 3)}$$

椭圆前圆孔型的基圆半径直径 D 为：

$$D = h_k = (1.21 \sim 1.26)d \approx 1.25 \times 20 = 25\text{mm}$$

其他尺寸的确定与成品孔类同。

按设计尺寸画出各个孔型如图 1-24 所示。

验算精轧孔型的充满情况。表 1-5 列出了各精轧孔型宽展系数的取值范围，由轧制原理的知识可知，在一般情况下，当成品圆钢直径大时，宽展系数取下限，反之则相反，本例是设计 20mm 圆钢，则宽展系数应该取偏小值，取椭圆孔型中的宽展系数 $\beta_t = 0.7$，成品孔型中的宽展系数 $\beta_y = 0.35$。

椭圆轧件尺寸为：

$$h = 16\text{mm}, \ b = 25 + (25 - 16) \times 0.7 = 31.3\text{mm}$$

成品孔型中轧件的尺寸为：

$$h = 19.8\text{mm}, \ b = 16 + (31.3 - 19.8) \times 0.35 = 20\text{mm}$$

计算结果表明，椭圆孔型的充满程度为 31.3/32 = 0.98，充满程度太大。取椭圆孔型的充满程度为 0.9，则椭圆孔型的 $B_k = 31.3/0.9 = 34.8\text{mm}$。

再依 $h_k = 16\text{mm}$，$B_k = 34.8\text{mm}$，计算椭圆圆弧半径 $R = [(16-3)^2 + 34.8^2]/[4 \times (16 - 3)] = 26.54\text{mm}$。

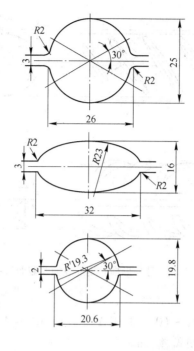

图 1-24 精轧孔型

1.5 螺纹钢孔型确定

表面带肋的钢筋称带肋钢筋，又称螺纹钢筋，简称螺纹钢。螺纹钢的公称直径用横截面面积相等的光面钢筋的公称直径表示。由于螺纹钢在钢筋混凝土结构中与混凝土有较强的握裹力，所以它已经代替光面钢筋广泛应用于基本建设中。根据螺纹钢的生产方式可分为热轧螺纹钢（热轧带肋钢筋）和冷轧螺纹钢（冷轧带肋钢筋）。

1.5.1 热轧螺纹钢孔型设计

GB 1499.2—2007 规定，热轧螺纹钢筋的横截面通常为圆形，且表面通常带有两条纵肋和长度方向均匀分布的横肋，横肋的纵截面呈月牙形，且纵肋不相交，如图 1-25 所示。

1.5.1.1 螺纹钢的孔型系统

螺纹钢的孔型系统与圆钢非常相似，两者之间的差别仅在于成品孔和成品前孔。在实际生产中，除 K_1 和 K_2 孔外，各轧钢厂相同规格的圆钢和螺纹钢都是共用一套孔型的，所以螺纹钢延伸孔型系统设计与圆钢相同，其精轧孔型系统一般为：方—椭圆—螺或圆—椭圆—螺。

1.5.1.2 成品孔（K_1 孔）设计

A 成品孔内径 d

由于螺纹钢圆形槽底的磨损大于其他各处，并考虑负偏差轧制，因此成品孔内径 d 按

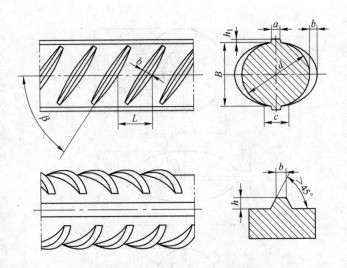

图 1-25　月牙形横肋钢筋表面及截面形状

负偏差设计，即

$$d = [d_0 - (0 \sim 1.0)\Delta_-] \times (1.01 \sim 1.015)$$

式中　Δ_-——内径允许最大负偏差，mm；

　　　d_0——成品内径的公称直径，mm。

如果考虑负偏差和热膨胀近似相等，则

$$d = d_0$$

B　成品孔内径开口宽度 B

为了保证螺纹钢的椭圆度要求，成品孔内径的开口宽度按下式确定：

$$B = d_0 \times (1.005 \sim 1.015)$$

C　成品孔内径的扩张角和扩张半径

当成品孔内径 d 和开口宽度 B 已知时，可利用圆钢成品孔的设计方法，求出螺纹钢成品孔内径的扩张角和扩张半径。开口处的圆角一般取 1mm。

D　横筋高度 h 和宽度 b

为了提高成品孔的使用寿命，防止由于圆形槽底磨损较快而造成横筋高度小于最大负偏差的情况发生，故横筋设计高度通常按部分偏差设计，$h = h_0 + (0 \sim 0.7)\Delta$，h 为公称尺寸。横筋顶部宽度 b 不能按负偏差设计，否则金属很难充满横筋。所以横筋宽度的设计尺寸应取公称尺寸，或比公称尺寸大 0.1~0.2mm。

E　纵筋宽度

纵筋宽度 a 是指纵筋的厚度，也就是辊缝值的大小。一般纵筋宽度按公称尺寸选取。

F　横筋半径 r_1

横筋在钢筋截面上的投影半径，即是轧槽加工的铣槽半径。由图 1-26 可知，横筋的弓形弦长 B_1 为：

$$B_1 = 2\sqrt{r^2 - (c/2)^2}\ ;\ r = d/2$$

式中　r——成品孔的内径，mm；

c——横筋末端最大间隙。

横筋的弓形高度 H_1 为：

$$H_1 = r + hc/2$$

由图 1-27 可知：

$$H_1 = r_1 - \overline{OA}$$

$$\overline{OA} = \sqrt{\overline{OM}^2 - \overline{AM}^2} = \sqrt{r_1^2 - (B_1/2)^2}$$

$$H_1 = r_1 - \sqrt{r_1^2 - B_1^2/4}$$

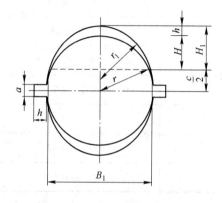 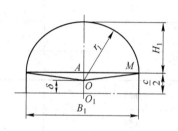

图 1-26 横肋的弓形弦长   图 1-27 横肋的弓形高度

1.5.1.3 成品前孔（K_2 孔）设计

螺纹钢的成品前孔基本上有三种形式：单半径椭圆、平椭圆和六角孔。

生产实践表明，单半径椭圆孔适用于轧制小规格的螺纹钢，当螺纹钢直径超过 14mm 时，成品孔不易充满。六角孔和平椭圆孔形状相似，可以把它看成平椭圆孔的一种变态，以直线代替圆弧。平椭圆孔的内圆弧半径一般有两种取法（图 1-28）：$R = h$；$R = h/2$。

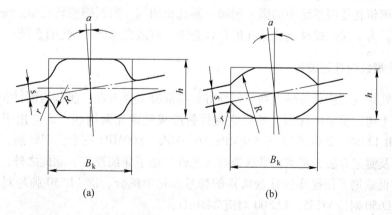

图 1-28 两种不同内圆弧半径的平椭圆孔

（a）平椭圆孔；（b）槽底大圆弧平椭圆孔

有些生产厂将平椭圆孔作成槽底大圆弧平椭圆孔；也有些工厂为了便于平椭圆轧件翻

钢，将平椭圆孔以 $6° \sim 8°$ 的斜配角配置在轧辊上。由于螺纹钢成品孔为简单周期断面，金属在其中变形复杂，目前还没有精确计算成品孔中金属变形的公式，所以成品前孔的设计目前仍采用经验数据。表 1-10 给出平椭圆孔主要参数的经验数据。

表 1-10　螺纹钢成品前孔参数

规格 d_0/mm	B_k/d_0	h/d_0
$\phi 12$	1.80 ~ 1.90	0.70 ~ 0.74
$\phi 14$	1.76 ~ 1.84	0.71 ~ 0.75
$\phi 16$	1.70 ~ 1.78	0.7 ~ 0.75
$\phi 18$	1.68 ~ 1.70	0.7 ~ 0.75
$\phi 20$	1.65 ~ 1.68	0.73 ~ 0.76
$\phi 22$	1.63 ~ 1.68	0.74 ~ 0.78
$\phi 25$	1.60 ~ 1.65	0.78 ~ 0.82
$\phi 28$	1.60 ~ 1.65	0.78 ~ 0.82

选取上述参数时，要考虑终轧温度、终轧速度、轧辊直径和 K_3 孔来料大小的影响。当上述因素对轧件宽展有利时，B_k/d_0 取偏大值，h/d_0 取偏小值。

辊缝值可取偏大值，以利于成品孔尺寸的调整。当 $d_0 = 8 \sim 14$mm 时，$s = 2 \sim 3$mm；当 $d_0 = 16 \sim 40$mm 时，$s = 3 \sim 6$mm。槽口圆角 $r = 2 \sim 4$mm。

1.5.1.4　成品再前孔（K_3）设计

螺纹钢的成品再前孔一般有两种形式：方孔和圆孔。随着轧钢技术的发展和棒材连续式轧机的广泛应用，目前螺纹钢的成品再前孔绝大多数轧钢厂采用圆孔型。成品前孔直径的选取与圆钢精轧孔型系统中的圆—椭圆—圆孔型相同。当圆钢精轧孔型系统的平均延伸系数较小时，为了保证螺纹钢成品孔的良好充满，可适当加大 K_3 孔的直径。

1.5.2　冷轧螺纹钢孔型设计

由于冷轧螺纹钢筋具有强度高、塑性好、与混凝土裹力强、能节约钢材和水泥、能提高钢筋混凝土构件质量的优点，所以它将代替冷拔低碳光面钢筋广泛应用于钢筋混凝土中。国标 GB 13788—2008 制定了 550MPa、650MPa、800MPa 三个强度级别，并对钢筋的外形、尺寸及测定方法、基本力学性能与工艺性能做了详细规定。除此之外，标准还规定了原材料（低碳钢无扭控冷热轧盘条）的牌号和化学成分，即 LL550 牌号对应原料牌号为 Q215，LL650 对应 Q235，LL800 对应 24MnTi。

国内冷轧螺纹钢筋轧机按其轧辊的传动方式可分为主动式和被动式；按轧辊的组合形式可分为二辊式和三辊式。由于三辊被动式轧机是采用拉拔方式生产冷轧带肋钢筋，而三辊主动式轧机应用较少，故下面重点介绍二辊主动式轧机的孔型设计。二辊式轧机只能生产两面有肋的冷轧钢筋。

根据 GB 13788—1992《冷轧带肋钢筋》第一号通知单，月牙肋钢筋表面及截面形状如图 1-29 所示。

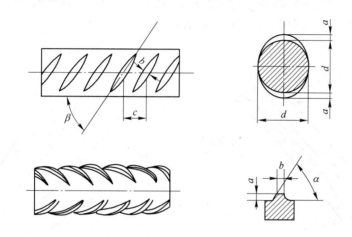

图 1-29　月牙肋钢筋表面及截面形状

1.5.2.1　成品孔设计

由图 1-29 可以看出，冷轧螺纹钢筋的截面形状与热轧螺纹钢筋相似，差异在于冷轧螺纹钢筋没有纵肋。冷轧螺纹钢筋成品孔的设计，除不考虑温度的影响外，可参照热轧螺纹钢筋的成品孔设计。成品孔辊缝为 1.3~2mm，小规格取下限。

1.5.2.2　成品前孔设计

成品前孔为单半径椭圆孔。孔型主要参数可根据下式确定：
$$B_k = (1.4 \sim 1.5)d_0, \quad h = (0.8 \sim 0.9)d_0$$
式中　d_0——冷轧螺纹钢筋公称直径，mm。

由于成品孔轧件尺寸是靠成品前孔的调整实现的，所以，成品前孔的辊缝不能太小，一般为 2~3mm，小规格取下限。

1.5.2.3　原料尺寸的确定

冷轧螺纹钢筋的基本力学性能和工艺性能主要取决于原料的牌号及其化学成分，特别是碳和锰的含量。除此之外，还与冷轧过程的总变形量有关。一般都是实测原料的化学成分、力学性能等，然后进行试生产，找出最佳的总变形量，再进行批量生产。

冷轧过程的总延伸系数为：
$$\mu = D^2/d_0^2$$
式中　D——原料直径，mm。

为了用 Q235 的原料生产 LL550 级的合格产品，人们对成品抗拉强度 σ_b 和伸长率 δ_{10} 与总变形量之间的关系进行了大量的研究，图 1-30 所示的原料性能为 $\sigma_b = 402\text{MPa}$，$\delta_{10} =$

30.8%；图 1-31 所示的原材料性能为 $\sigma_b = 402MPa$，$\delta_{10} = 36.2\%$。两图中的横坐标为总延伸系数，原料为直径 6.5mm 的高速线材，材质为 Q235。

从图 1-30 和图 1-31 可以看出：

（1）当延伸系数 $\mu \geqslant 1.28$ 时，冷轧螺纹钢筋的抗拉强度 $\sigma_b \geqslant 550MPa$，这意味着要用 Q235 生产 LL550 级冷轧螺纹钢筋，其延伸系数必须大于 1.28。

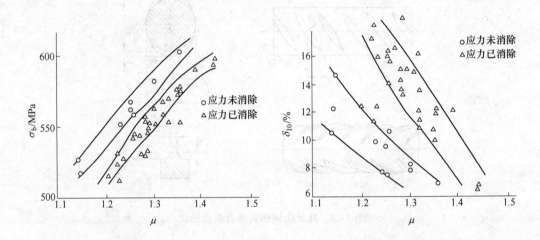

图 1-30　冷轧螺纹钢筋的力学性能与变形量的关系

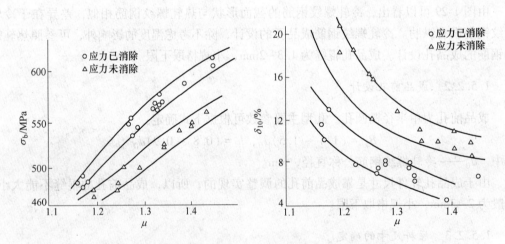

图 1-31　冷轧螺纹钢筋的力学性能与变形量的关系

（2）当延伸系数 μ 在 1.3~1.4 区间时，通过调整，消除应力，可使抗拉强度 σ_b 和伸长率 δ_{10} 都满足 LL550 级冷轧螺纹钢筋的要求。

（3）当延伸系数 $\mu \geqslant 1.42$ 时，即使原材料和应力消除工序再好，也不能生产出合乎 LL550 级要求的冷轧螺纹钢筋。

由此可见，冷轧螺纹钢筋的性能除与原材料的化学成分有关外，还决定于冷轧时的延伸系数。在化学成分一定的情况下，为了生产合格的冷轧螺纹钢筋，必须找出最佳的延伸系数区间。当最佳的延伸系数区间已知时，原料规格可按下式确定：

$$D = d_0 \sqrt{\mu_{0p}}$$

式中　μ_{0p}——最佳延伸系数。

1.6　角钢孔型确定

角钢是一种通用型钢，用于各种钢结构中，使用范围非常广泛。常用的角钢分为等边角钢和不等边角钢。根据我国标准，等边角钢的范围从 2 号到 20 号（腿长 20~200mm），不等边角钢从 2.5/1.6~20/12.5（分子、分母分别表示长、短腿长度，单位为 cm）。标准中还规定，同一型号的角钢腿厚有 2~7 个规格，角钢顶角为 90°。

1.6.1　角钢的孔型系统

轧制角钢可以采用多种孔型系统，其中使用最广泛的是蝶式孔型系统。

1.6.1.1　蝶式孔型系统

在蝶式孔型系统中根据使用不使用立轧孔，又可分为带立轧孔的蝶式孔型系统和不带立轧孔的蝶式孔型系统。

A　带立轧孔的蝶式孔型系统

图 1-32 所示为带立轧孔的蝶式孔型系统。其特点是：在孔型系统中有 1~2 个立轧孔，其中一个立轧孔设在角钢成型孔之前，目的是控制进成型孔轧件的腿长、加工腿端，镦出顶角。另一个立轧孔一般位于切入孔之前，主要目的是控制切分腿长。使用立轧孔的优点是：可以使用开口切入孔；切入孔可以共用，即轧相邻规格时，可以通过调整第一个立轧孔高度来调整进入开口切入孔的来料尺寸；立轧道次易除氧化铁皮，成品表面质量好。缺点是：立轧孔切槽深，轧辊强度差，寿命短；开口切入孔容易切偏，造成两腿长度不等；立轧孔需要人工翻钢，劳动强度大。故此系统目前只用于生产 2~2.5 号角钢的横列式轧机上及人工操作的条件下。

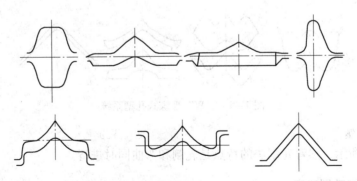

图 1-32　带立轧孔的蝶式孔型系统

B　无立轧孔的蝶式孔型系统

图 1-33 所示为大中小型角钢常用的孔型系统。

该孔型系统的优点是：使用闭口切入孔，容易保证两腿切分的对称性；使用上、下交

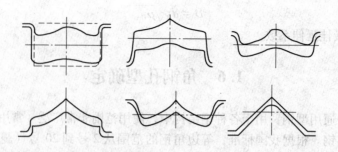

图 1-33　无立轧孔的蝶式孔型系统

替开口的蝶式孔成型和加工腿端；轧制过程中不翻钢，减轻了劳动强度，易实现机械化操作。

1.6.1.2　特殊孔型系统

下面几种孔型系统是在特定条件下使用的。

A　"对角"轧制的蝶式孔型系统

有时要求用较小的坯料轧出较大规格的角钢时，用正规轧法轧不出要求的腿长，这时可利用"对角"轧法，如图 1-34 所示。

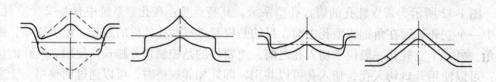

图 1-34　"对角"轧制的蝶式孔型系统

B　"W"形蝶式孔型系统

采用这种孔型也是用较小的坯料轧出较大规格的角钢，如图 1-35 所示。

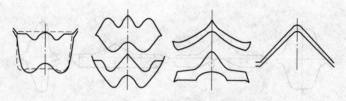

图 1-35　"W"形蝶式孔型系统

C　热弯轧制

如图 1-36 所示，热弯轧制法的特点是轧制和弯曲同时进行。

1.6.2　等边角钢孔型确定

蝶式孔型系统的角钢孔型设计包括成品孔、蝶式孔、切深孔和立轧孔的孔型设计。

1.6.2.1　成品孔的孔型设计

等边角钢成品孔有两种形式，如图 1-37 所示。

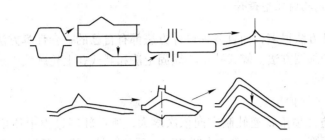

图 1-36 热弯轧制角钢

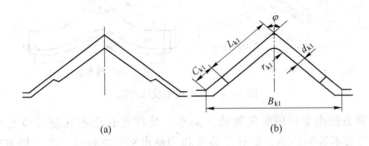

图 1-37 成品角钢的两种孔型

(a) 半闭口式；(b) 开口式

图 1-37 (a) 所示为半闭口式成品孔型，其特点是在腿端有一台阶，成品腿端可以得到加工，并可在一定程度上控制腿长。但当成品前腿较长时，容易在腿端形成"耳子"而产生废品。一般只在大批量生产某一型号角钢，生产比较稳定的情况下才采用半闭口式成品孔。

在大多数轧钢车间中，为了在一个成品孔型中轧制不同腿厚的角钢，为了不使成品腿端出"耳子"，多采用如图 1-37 (b) 所示的开口式成品孔。当采用开口式成品孔时，成品前孔应设计成上开口式蝶式孔，以便在成品前蝶式孔中加工腿端圆弧。

成品角钢各设计参数的计算原则如下：

成品孔型腿厚 d_{k1} 等于同号角钢最薄腿厚，腿长为：

$$L_{k1} = (L + \Delta_+)(1.011 \sim 1.015)$$

式中　L——成品角钢的标准腿长；

　　Δ_+——腿长正偏差。

腿长余量（或锁口长度）为：

$$C_{k1} = 2d + (2 \sim 7)$$

其中 d 为成品腿厚，要求调整 C_{k1} 使 $B_{k1} > B_{k2}$，在 $B_{k1} > B_{k2}$ 的条件下 C_{k1} 应取小值。

$$B_{k1} = (L_{k1} - C_{k1}) \times \sqrt{2}$$

跨下圆角半径 r_{k1} 等于成品标准圆弧半径尺寸。成品孔顶角 $\varphi = 90° \sim 90°30'$，一般中小号角钢取 $90°$，大号角钢取 $90°30'$。辊缝 s 的最小值应大于轧辊弹跳值，s 的最大值应在调整 $s = 0$ 时，上下轧槽不接触，即 $s < \sqrt{2}d_{k1}$。

1.6.2.2　蝶式孔的孔型设计

蝶式孔型设计方法很多，而且各种设计方法都有自己的一套计算方法。下面介绍两种常用的设计方法和画图方法：蝶式孔中心线固定法和蝶式孔上轮廓线固定法。这两种设计方法如图 1-38 所示。

A　两种设计方法的比较

（1）第一种方法顶角 φ 逆轧制方向依次增大，所以轧制过程中顶角不易充满，容易形成塌角缺陷。而第二种方法因顶角均为 90°，顶角容易充满，角形清晰。

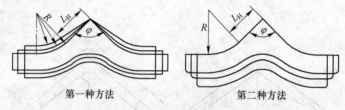

第一种方法　　　　　　　　第二种方法

图 1-38　蝶式孔型设计方法

（2）第一种方法由于顶角顺轧制依次减小，轧件在孔型中轧制时稳定性较差，易轧偏，造成两腿长短不等的缺陷，对导位装置和调整水平要求较高。第二种方法由于顶角相等，轧件咬入时上辊与轧件吻合好，轧制稳定，便于调整。

（3）第一种方法由于各蝶式孔轮廓线均不同，样板多，加工轧辊复杂；第二种方法由于上轮廓线相同，减少样板刀数量，车削方便，轧辊磨损均匀，修复也容易。

（4）第一种方法多用于大中号角钢由切深孔向成品前精轧蝶式孔的过渡孔型。因为大中号角钢切深孔顶角度数较大，一般均大于 100°～110°，一次过渡到 90° 则顶角差值较大。如能用第一种设计方法设计几个蝶式孔，然后过渡到第二种蝶式孔，则可使过渡平稳，轧制稳定，磨损均匀。接近成品孔的 2～3 个蝶式孔最好选用第二种方法设计，使顶角充满良好。

B　蝶式孔基本参数的计算

无论选用哪种设计方法，首先均要计算成品前第一个蝶式孔的上轮廓线直线段长度 L_H，圆弧半径 R，顶角 φ 和各蝶式孔的腿厚 d_k，中心线长度 l_{ki}，水平段中心线长度 l_{bi} 的值。

（1）成品前蝶式孔（K_2 孔）顶角 φ 一般取其等于成品孔顶角，即 $\varphi_{k2} = \varphi_{k1} = 90° \sim 90°30'$。

（2）K_2 孔的 L_H。L_H 值的大小影响孔型形状及轧制的稳定性。

当 L_H 值较大时，蝶式孔窄而高，进成品孔比较稳定，腿长波动小。但轧辊切槽深，对轧辊强度不利，且重车次数少，轧制小号角钢时可选偏大的 L_H 值。当 L_H 值较小时，蝶式孔扁而宽，轧辊切槽浅，对强度有利。但由蝶式孔进成品孔时，轧件弯直的变化幅度大，成品腿长波动大，成品孔轧制不稳定。除非轧制较大号角钢，轧辊强度受到限制时，否则不宜选择过小的 L_H 值。一般选 $L_H = (0.15 \sim 0.45)L$。

（3）圆弧段半径 R，由半径为 R 的圆弧连接直线段向水平段过渡。当 R 较大时，过渡平缓，孔型高度增加；R 较小时，过渡剧烈，孔型高度减小，进成品孔时圆弧段上表面受拉严重，腿长不稳定。一般 R 取值范围为 $R=(0.5\sim0.75)L$，角钢蝶式孔部分参数的取值范围见表 1-11。

表 1-11　角钢蝶式孔部分参数

规　格	参　数		
	L_H	R	水平段长度/mm
2~3.6 号	$(0.4\sim0.55)L$	$(0.58\sim0.63)L$	0~4.5
4~6.3 号	$(0.3\sim0.4)L$	$(0.35\sim0.63)L$	0~20
7.5~12 号	$(0.4\sim0.42)L$	$(0.55\sim0.60)L$	12~18

（4）各蝶式孔的腿厚 d_{ki}。蝶式孔的孔型设计均逆轧制方向进行。各孔型腿厚均按前一孔型的腿厚压下量或压下系数确定。各蝶式孔中的压下系数或压下量可按表 1-12 中的数据确定。

表 1-12　蝶式孔形中的压下系数和压下量

孔型	K_1	K_2	K_3	K_4	K_5	K_6	K_7
$\dfrac{1}{\eta_i}=\dfrac{d_{ki+1}}{d_{ki}}$	1.10~1.37	1.13~1.73	1.20~1.57	1.27~1.9	1.31~1.48	1.27~1.52	1.3~1.45
Δd/mm	0.5~2	1~5	2~7	3~18	4~22	6.5~9	15~25

为了保证轧制的稳定性，最小压下系数对中小号角钢为 $1/\eta=1.15\sim1.2$，对大号角钢为 $1/\eta=1.1$。逆轧制方向压下系数或压下量递增，各孔腿厚按下式计算：

$$d_{k2} = d_{k1} + \Delta d_{k1} = \frac{1}{\eta_1} d_{k1}$$

$$d_{k3} = d_{k2} + \Delta d_{k2} = \frac{1}{\eta_2} d_{k2}$$

$$\vdots$$

$$d_{ki} = d_{ki-1} + \Delta d_{ki-1} = \frac{1}{\eta_{i-1}} d_{ki-1}$$

（5）各蝶式孔中心线长度的计算。蝶式孔中心线长度 $l_{k2}=l_{k1}-\Delta l_{k1}$。其中 Δl_{k1} 为轧件在成品孔型中心线长度的宽展量，$\Delta l_{k1}=\beta_1\Delta d_{k1}$。各孔型中的宽展系数可按表 1-13 选取。

表 1-13　角钢各孔型中的宽展系数 β

角钢规格	大型角钢	中型角钢	小型角钢
成品孔 β		0.7~1.0	0.7~1.5
蝶式孔 β	0.25~0.45	0.3~0.4	0.3~0.6

轧件在成品孔中的宽展系数大于在蝶式孔中的宽展系数，因为在成品孔型中，除了由于压下而引起的宽展外，还有出于将蝶形轧件变成角钢形状时，两腿弯直时而引起的强迫宽展。正确估计角钢轧制时各道的宽展，对成功的孔型设计来说是一个重要环节。

其他各蝶式孔中心线均可用下式计算：

$$l_{k1} = l_{ki-1} - \Delta l_{ki-1}$$
$$\Delta l_{ki-1} = \beta_{i-1} \Delta d_{ki-1}$$

（6）各蝶式孔的中心线水平段长度 l_{bi} 的计算，中心线的水平段长度应为中心线长度减去其直线及圆弧段部分，K_2 孔的水平段长度为：

$$l_{b2} = l_{k2} - (L_H - 0.5d_{k2}) - (R + 0.5d_{k2}) \frac{\pi}{4}$$

其他孔的水平段长度为：

$$l_{bi} = l_{ki} - (l_{zi} + l_{Ri})$$

式中　l_{zi}——各蝶式孔中心线的直线段长度；

　　　l_{Ri}——各蝶式孔中心线的圆弧段长度。

C　各蝶式孔型的构成

在上述各基本参数确定之后，即可构成蝶式孔型。下面分别介绍两种蝶式孔的构成。

a　上轮廓线固定蝶式孔的构成

图 1-39 所示为上轮廓线不变蝶式孔的构成图。欲画蝶式孔型，首先要确定 A、B、C、D、E、F 各点的位置，即画定点图。欲画定点图则要先计算 AC、AE、CE 线段的长度。由图 1-39 可知在 $\triangle AFC$ 中，$AF = CF = R + L_H$，$\angle AFC = 90°$，则

$$AC = \sqrt{2}(R + L_H)$$

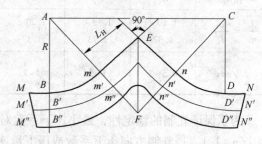

在 $\triangle AmE$ 中，$AE = \sqrt{R^2 + L_H^2}$

而　　　　　　　　　　$CE = AE$

图 1-39　上轮廓线不变蝶式孔构成

上轮廓线固定蝶式孔的画法，以 K_2 孔为例，说明蝶式孔的作图步骤：

（1）画水平线，并取线段 $AC = \sqrt{2}(R + L_H)$，确定 A、C 两点位置；

（2）分别以 A、C 为圆心，以 AE、CE 为半径画弧相交于点 E；

（3）过 A、C 做垂线，取 $AB = CD = R$；

（4）连接 AB、CD 并延长；

（5）分别以 A、C 为圆心，以 $(R + L_H)$ 为半径画弧，相交于点 F，连接 AF，CF；

（6）过 E 点向 AF、CF 做垂线，相交于 m、n；

（7）在 AF、CF 上取 $mm' = m'm = nn' = n'n = d_{k2}/2$；

（8）过 m'、m''、n'、n'' 作 Em、En 的平行线，交 EF 于 $E'E''$；

（9）分别以 A、C 为圆心，以 R、$(R + d_{k2}/2)$、$(R + d_{k2})$ 为半径画圆弧 $\overset{\frown}{Bm}$、$\overset{\frown}{B'm'}$、$\overset{\frown}{B''m''}$、$\overset{\frown}{nD}$、$\overset{\frown}{n'D'}$、$\overset{\frown}{n''D''}$；

（10）分别过 B、B'、B'' 和 D、D'、D'' 作水平线，并取 $B'M' = D'N' = L_{b2}$；

（11）过 M、N 作侧壁斜度为 y 的斜线。

其他各蝶式孔型按上述步骤，只改变腿厚 d_{ki} 和水平段长度 l_{bi} 即可看出。

b　中心线固定的蝶式孔型构成

图 1-40 所示为中心线不变的蝶式孔型构成图，从图中看出，欲画蝶式孔构成图，首先要确定 O、C、A、O、C 五点，即画定点图，设 K_2 孔顶角 $\varphi = 90°$，以 K_2 孔为基准画定点图。令 $L_z = L_H$，$OC = R_z = R + d_{k2}/2$，则

$$OO = \sqrt{2}(L_z + R)$$

$$OA = \sqrt{l_z^2 + R^2}$$

$$OF = R + L_z$$

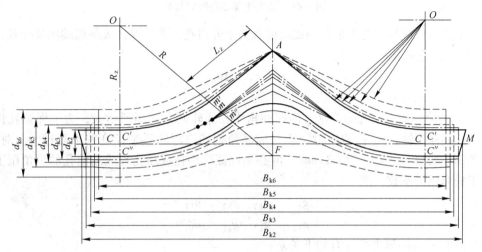

图 1-40 中心线固定的蝶式孔构成

中心线固定的蝶式孔画图方法：

（1）画水平线，取 $OO = \sqrt{2}(L_z + R)$；

（2）以 O 为圆心，以 OA 为半径画弧，相交于 A 点；

（3）以 O 为圆心，以 OF 为半径画弧，相交于 F 点，连接 OF，AF；

（4）过 O 作垂线，取 $OC = R_z = R + d_{k2}/2$；

（5）取 $CC' = CC'' = d_{k2}/2$；

（6）以 O 为圆心，以 OC'、OC''、OC 为半径画弧 $\overset{\frown}{C'm'}$、$\overset{\frown}{Cm}$、$\overset{\frown}{C''m''}$；

（7）过 A 作 $\overset{\frown}{C'm'}$ 的切线，与圆弧 $\overset{\frown}{C'm'}$ 相切于 m'；

（8）连接 Om' 并延长，使其与另两个圆弧相交于 m、m''，过 m，m'' 作 $m'A$ 的平行线；

（9）过 C'、C、C'' 作水平线，取 $CM = l_{b2}$，过 M 点作斜率为 y 的斜线；

（10）另一侧作法相同。

其他各孔按上述步骤，改变腿厚尺寸 d_{ki} 和中心线长度 l_{ki} 和 l_{bi} 尺寸即可画出。

c 蝶式孔其他尺寸的确定

（1）腿端圆弧半径 r_1 和 r_2。图 1-41 表示上下开口蝶式孔腿端圆弧半径 r_1 和 r_2 的位置。取值范围如下：

$$r_1 = (1/2 \sim 1/3)d_k$$

$$r_2 = 0 \sim 2mm$$

经验不足时，r_1 取偏大值较好。

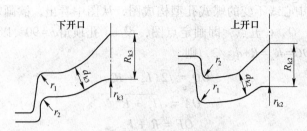

图 1-41　蝶式孔腿端和跨间圆弧

对于开口式成品钢孔型系统的成品前孔为上开口孔，为了保证成品腿端圆弧半径，取成品前 K_2 孔的腿端圆弧半径：

$$r_1 = r_0 + \Delta d_{k1}$$

式中　　r_0——成品腿端圆弧半径。

（2）内跨圆角半径 r_k 的确定。内跨圆角半径逆轧制方向逐渐增大，为了保证轧件进入成品孔的稳定性，K_2 孔的内跨圆弧与成品角钢的内跨圆弧半径之差不能过大。对中、小号角钢一般取 $r_{k2} = r_{k1} + (1 \sim 2)\,\text{mm}$。但必须保证轧件在成品孔和成品前孔的顶角压下系数大于腿厚压下系数，即

$$\frac{g_{k3}}{g_{k2}} > \frac{d_{k3}}{d_{k2}}; \quad \frac{g_{k2}}{g_{k1}} > \frac{d_{k2}}{d_{k1}}$$

而顶角高度 g_k 与圆弧半径 r_k 有如下关系：

$$g_k = \sqrt{2}\,(r_k + d_k) - r_k$$

当相邻两个孔型的跨间圆弧半径之差增大到一定值时，则出现不稳定轧制状态，如图 1-42 所示。如果还需要增加顶角高度 g_k，则应通过加假帽的方法实现，如图 1-43 所示。假帽由两部分尺寸构成，假帽高度 f 和边长 a，一般 $f = 1.5 \sim 2\,\text{mm}$，$a = 15 \sim 25\,\text{mm}$。

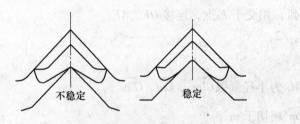

图 1-42　稳定和不稳定轧制状态

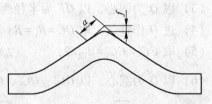

图 1-43　蝶式孔假帽

（3）腿端斜度与锁口。腿端斜度从成品前孔开始，逆轧制方向依次增大。一般取成品前孔腿端斜度 $y = 5\%$，其他蝶式孔斜度 $y = 10\% \sim 15\%$。

锁口尺寸如图 1-44 所示。锁口高度为：

$$z = t + r$$

式中　　t——锁口的直线段部分，等于蝶式孔腿厚调整量（即成品腿厚之差）加上 $2 \sim 3\,\text{mm}$；

　　　　r——锁口与辊环间的圆弧半径。

在满足调整要求的前提下，锁口尺寸 z 尽量取偏小值，因为 z 值越大，轧辊刻槽深度越大，影响轧辊速度。

锁口间隙 $\delta = 0.2 \sim 2mm$。角钢号数越大则取值应越偏大，并且与辊缝大小、锁口斜度有关。

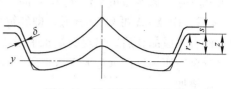

图 1-44 蝶式孔锁口和斜度

辊缝 s 依轧辊弹跳值和蝶式孔调整范围而定，一般取 $s = 2 \sim 10mm$。

d 开口方式

开口方式依成品孔型而定。当成品孔为开口式孔型时，因在成品孔内不能加工腿端圆弧，腿端圆弧需在成品前孔加工，因此成品前蝶式孔应为上开口式、成品再前孔则为下开口式，以后各孔上下交替；当成品孔为半开口式孔型时，因腿端圆弧在成品孔中加工，故成品前孔可设计成下开口式，成品再前孔为上开口式，以后上下交替。

e 蝶式孔宽度 B_k 的校核

按以上步骤即可设计出各种形式的蝶式孔。当全部孔型设计完成后，还需要校核孔型宽度 B_k 是否顺轧制方向依次增大，即应保证 $B_{k1} > B_{k2} > B_{k3} > \cdots > B_{kn}$。

成品孔宽度
$$B_k = \sqrt{2}(L_{k1} + C_{k1})$$
蝶式孔宽度
$$B_{ki} = AC + 2l_{bi} = OO + 2l_{bi}$$

f 关于同一号数腿厚的角钢共用蝶式孔的问题

在角钢规格中，同一号数角钢，往往具有不同的腿厚。例如 5 号角钢，腿长 $L = 50mm$，其腿厚有四个规格，即 d 可等于 3mm、4mm、5mm、6mm。不同厚度的角钢可共用一个开口式成品孔，但不宜共用一个蝶式孔，这是因为角钢孔型设计的依据是中心线长度，而不是角钢的边长。同一型号不同腿厚的角钢，中心线长度不同，表 1-14 列出了 5 号角钢各厚度的中心线长度。从表中所列数据可见，腿厚增加，中心线长度减小。要求从蝶式孔轧出的轧件的中心线长度与之相对应，即蝶式孔腿厚增加时，l 应减小。但实际上，当共用蝶式孔时，d_k 增加，l 增大。从以下两方面来说明。

表 1-14 5 号角钢各种腿厚的中心线长度

腿长 L/mm	腿厚 d/mm	中心线长度 l ($l = L - d/2$) /mm
50	3	48.5
50	4	48
50	5	47.5
50	6	47

（1）如果设计腿厚为 d_k，则蝶式孔中心线长度的变化，如图 1-45 所示的实线，如果腿厚增加 Δ，则轧辊调到虚线位置，此时蝶式孔中心线由 A 位置变到 B 位置。A 与 B 比较，明显看出中心线长度 L 增加了。

（2）当轧辊调整 Δ 以后，水平段腿

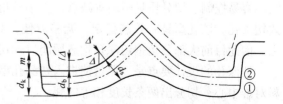

图 1-45 调整辊缝时蝶式孔中心线长度的变化

厚由 $d_b = d_k$ 变成 $d'_b = d_b + \Delta = d_k + \Delta$；而直线段腿厚由 $d_s = d_k$ 变成 $d'_s = d_s + \Delta' = d_k + \Delta'$，$\Delta' = \Delta\cos\varphi/2$；由 $\Delta' < \Delta$ 可知，$d'_s < d'_b$，即轧辊调整 Δ 以后，腿端厚度 d'_b 大于直线段部分的 d'_s。该轧件进入成品孔后，出现腿端水平段压下系数大于直线段压下系数的情况，蝶式孔直线段部分金属所占比例远远大于水平段，因此水平段压下大的部分出现强迫宽展，也使中心线长度增加。

　　从以上分析可见，当蝶式孔厚度增加时，其中心线长度也增加，与成品角钢要求腿厚增加时，中心线长度缩短的情况刚好相反。相同的分析过程也可得到，当蝶式孔厚度减小时，其中心线长度缩短，与成品角钢要求腿厚减小时，中心线长度增加情况也相反。由此得出结论，用同一个蝶式孔轧多个不同腿厚的角钢不能保证腿长要求。为了保证成品腿长，一般采用成品前和成品再前的一个蝶式孔只能轧相邻两个不同厚度角钢的孔型系统，如图 1-46 所示。

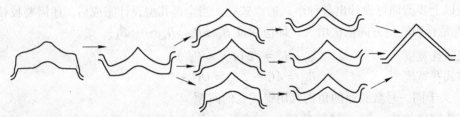

图 1-46　同一型号不同厚度角钢的孔型系统

中心线长度用其平均值，即

$$l_{k1} = L - (d_1/2 + d_2/2)/2$$

式中　d_1，d_2——同一型号相邻两个腿厚。

1.6.2.3　切深孔的孔型设计

　　轧制角钢的第一个蝶式孔型称为切深孔型或切分孔型。它的作用是把方坯或矩形坯切成角钢的雏形。切深孔型的切分质量点直接影响角钢成品质量。如果在切深孔型中切出来两条腿长不等，在其后的蝶式孔型中是难以纠正的。因此要求切深孔轧制稳定，对称切分。

　　切深孔型的变形特点是大变形量、严重的不均匀变形和大宽展。

　　切深孔型一般按最大压下量进行孔型设计，考虑到严重不均匀变形和强迫宽展的情况，宽展系数视不均匀变形程度而定，可取 0.8~1.2。

　　切深孔型按其开口方式分为开口切深孔和闭口切深孔。

　　开口切深孔用于带立孔的角钢蝶式孔型中，由于该切深孔存在着轧制不稳定、切分腿长不容易控制、切分质量不高等缺点，除小号角钢外，已很少使用，角钢切深孔多用闭口式切深孔。该孔型具有轧制稳定，调整方便，容易保证切分质量，易实现对称切分等优点。因此目前大部分角钢切深孔均选用闭口式切深孔。

　　切深孔的设计要点是：尽量使进入切深孔型中的坯料先与切深孔侧壁接触，以保证坯料对准中心，切分出两条长度相等的腿。

　　(1) 中小号角钢可采用平底切深孔，也称蝶式切深孔，如图 1-47 所示。

可参考如下方法进行设计：

$$B_1 = B + \Delta b$$

式中　B——来料宽度，mm；

　　　Δb——宽展量，$\Delta b = \beta \Delta h$，mm。

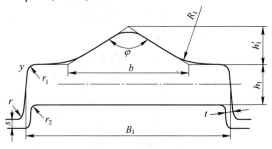

图 1-47　平底切深孔

$$\varphi = 100° \sim 120°$$
$$h_1 / h_1' = 1.30 \sim 2.10$$
$$h_1 = H / (1/\eta)$$

式中　H——来料高度，mm。

$$1/\eta = 1.3 \sim 2.1$$
$$b = 2 \times h_1' \tan(\varphi/2)$$
$$R_1 = R + (0 \sim 5)\text{mm}$$

式中　R——蝶式孔腿部弯曲部分圆弧半径。

$$t = 2 \sim 3\text{mm}$$
$$r_1 = (1/3 \sim 1/2) h_1$$
$$s = 6 \sim 8\text{mm}$$
$$r = 3 \sim 6\text{mm}$$
$$r_2 = 1 \sim 3\text{mm}$$
$$y = 16\% \sim 20\%$$

（2）轧制中号角钢时也可采用下槽底为凸形的切深孔型，如图 1-48 所示。

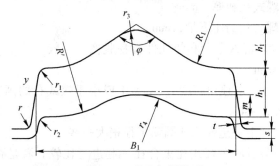

图 1-48　凸底切深孔型

可参考如下方法进行孔型设计：

$$B_1 = B + (0 \sim 2)\text{mm}$$
$$\varphi = 100° \sim 110°$$
$$h_1 / h_1' = 1.2 \sim 2.9$$

$$h_1 = H/(1/\eta)$$

式中　$1/\eta = 1.4 \sim 1.9$。

$$R_1 = R + (0 \sim 5)\,mm$$
$$R' = R + h_1$$
$$L = 2 \sim 3mm$$
$$s = 8 \sim 10mm$$
$$r = 3 \sim 6mm$$
$$r_1 = (1/4 \sim 1/2)h_1$$
$$r_2 = 1 \sim 3mm$$
$$r_3 = 20 \sim 30mm$$
$$r_4 = 30 \sim 40mm$$
$$y = 15\% \sim 30\%$$
$$m = (1/4 \sim 1/5)h_1$$

为了使切深孔充满良好，应保证其前的延伸孔型具有较大的调整范围，最后设有立轧孔，切深孔应有足够的压下系数，使顶角充满良好。

1.6.2.4　立轧孔的孔型设计

角钢立轧孔用于带立轧孔的蝶式孔型系统中，由于该孔型系统很少使用，所以角钢立轧孔的设计也很不成熟。角钢立轧孔的作用是加工腿端，控制腿长，镦出顶角。

可参考如下方法进行设计（图1-49）。

孔高：

$$H_i = B'_{i-1} - \Delta b'_{i-1}$$

式中　B'_{i-1}——下一道（顺轧制方向）蝶式宽孔；

　　　$\Delta b'_{i-1}$——下一道蝶式孔的宽展量，取 $b'_{i-1} = 0 \sim 4mm$。

孔宽：由 J、b、K、E 四部分组成。

$$b_i = d'_{i-1} + \Delta h'_{i-1}$$

式中　d'_{i-1}——下一道蝶式孔腿厚，mm；

　　　$\Delta h'_{i-1}$——下一道蝶式孔的压下量，mm。

J、K 的作用是减少轧辊重车量和使轧件容易脱槽。一般取 $J = 1 \sim 2mm$，$K = 1 \sim 3mm$。

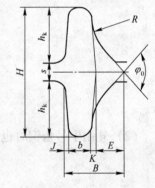

图1-49　角钢立轧孔型

为了提高轧制稳定性，取顶角高度 $E+K$ 等于或小于蝶式孔的高度，并取顶角度数 φ 比下一蝶式孔的顶角大 $2° \sim 4°$。

弯曲段圆弧半径 R 比下一道蝶式孔圆弧半径稍大一些。

立轧孔作出后应与前后两个蝶式孔重合在一起进行比较。看是否吻合，变形是否均匀，然后适当加以修改。

立轧孔的垂直压下量取 $6 \sim 8mm$，侧压取 $0 \sim 7mm$ 为宜。

1.6.3　角钢孔型设计实例

某 $\phi 300mm \times 5$ 一列式小型轧机，用 $90mm \times 90mm \times 1200mm$ 钢坯生产 $50mm \times 50mm \times$

5mm 等边角钢，腿长允许偏差 $\Delta = \pm 0.8$，腿厚允许偏差 $\Delta' = \pm 0.4$，轧制道次 $n = 11$，平均延伸系数 $\mu = 1.293$，请设计孔型。

1.6.3.1 孔型系统的选择

该车间是生产角钢的专业车间，要求产量高，质量好，故选不带立轧孔的蝶式孔型系统，平底闭口式切深孔，切深孔前设一立轧孔，控制切深坯料宽度。

1.6.3.2 成品孔设计

$$d_{k1} = d = 5\text{mm}$$

$$L_{k1} = (L + \Delta_+)(1.011 \sim 1.015) = (50 + 0.8)(1.011 \sim 1.015) = 51.6\text{mm}$$

$$\varphi = 90°$$

$$r_{k1} = 5.5\text{mm}$$

$$c_{k1} = 9\text{mm}$$

$$B_{k1} = \sqrt{2}(L_{k1} + c_{k1}) = 1.41 \times (51.6 + 9) = 85.5\text{mm}$$

1.6.3.3 蝶式孔设计

以 K_2 孔为例，介绍蝶式孔设计计算过程，其他孔型计算参数见表 1-15。

表 1-15　90mm×90mm 方坯轧制 50mm×50mm×5mm 等边角钢孔型设计计算参数

孔型号	孔型形状	腿厚(高度) d_k/mm	压下量 Δd_k/mm	宽展量(单腿) Δl_k/mm	宽展系数(单腿) β	中心线长(宽度) l_k/mm	直线段长 l_H/mm	曲线半径 R/mm	中心线直线长 l_z/mm	中心线曲线长 l_R/mm	中心线水平段长 l_b/mm	孔宽 B_k/mm	辊缝 s/mm	倒边斜度 y/%	顶角 φ/(°)	AE/mm	AC/mm
K_1	角钢	5	1.3	1.76	1.35	49.1						85.5	5		90		
K_2	蝶孔	6.3	1.7	0.45	0.3	47.34	18	18	14.85	16.61	15.88	82.7	5	10.5	90	25.46	50.9
K_3	蝶孔	8	2.5	0.85	0.34	46.625	18	18	14	17.28	15.345	81.6	5	10.5	90	25.46	50.9
K_4	蝶孔	10.5	4	1.44	0.36	45.775	18	18	12.75	18.26	14.765	80.4	6	12.2	90	25.46	50.9
K_5	蝶孔	14.5	6.5	3.25	0.5	44.335	16	18	8.75	19.83	15.755	79.6	6	14	90	24.08	48.07
K_6	切深	21	18			78		21					8	18	110		
K_7	立轧	72	16	3	0.2	39							8				
K_8	平箱	36	20		0.4	88							8				
K_9	平箱	80	20	4	0.2	56							8				
K_{10}	平箱	52	20	6	0.3	100							8				
K_{11}	平箱	72	18	4.5	0.25	94.5							8				

查表 1-16，计算 L_H、R。

$$L_H = (0.3 \sim 0.4)L = 15 \sim 20\text{mm}；取 L_H = 18\text{mm}$$

$$R = (0.35 \sim 0.63)L = 17.5 \sim 31.5\text{mm}，取 R = 18\text{mm}$$

顶角　　　　　　　　　　　　$\varphi = 90°$

腿厚　　　　　　$d_{k2} = d_{k1} + \Delta d_{k1} = 5 + 1.3 = 6.3\text{mm}$

计算中心线长度，首先计算成品中心线长度

$$l_{k1} = L_{k1} - d_{k1}/2 = 51.6 - 2.5 = 49.1mm$$

轧件在 K_1 孔的宽展量　　　$\Delta l_{k1} = \beta_1 \times \Delta d_{k1}$

查表 1-17，$\beta_1 = 0.7 \sim 1.5$，取 $\beta_1 = 1.35$，则 K_2 中心线长为：

$$l_{k2} = l_{k1} - \beta_1 \Delta d_{k1} = 49.1 - 1.35 \times 1.3 = 47.34mm$$

直线段长度为：

$$l_{zk2} = L_H - 0.5 d_{k2} = 18 - 0.5 \times 6.3 = 14.85mm$$

弯曲段长度为：

$$L_{Rk2} = \pi/4(R + 0.5 d_{k2}) = 3.14/4 \times (18 + 0.5 \times 6.3) = 16.61mm$$

水平段长度为：

$$l_{bk2} = l_{k2} - l_{zk2} - l_{Rk2} = 47.34 - 14.85 - 16.61 = 15.88mm$$

K_2 孔宽为：

$$B_{k2} = \sqrt{2}(R + L_H) + 2L_{bk2} = \sqrt{2} \times (18 + 18) + 2 \times 15.88 = 82.66mm$$

表 1-16　角钢蝶式孔参数

规　格	参　数		
	L_H	R	水平段长度/mm
2~3.6 号	$(0.4 \sim 0.55)L$	$(0.58 \sim 0.63)L$	0~4.5
4~6.3 号	$(0.3 \sim 0.4)L$	$(0.35 \sim 0.63)L$	0~20
7.5~12 号	$(0.4 \sim 0.42)L$	$(0.55 \sim 0.60)L$	12~18

表 1-17　角钢各孔型中的宽展系数 β

角钢规格	大型角钢	中型角钢	小型角钢
成品孔 β		0.7~1.0	0.7~1.5
蝶式孔 β	0.25~0.45	0.3~0.4	0.3~0.6

计算定点图各参数：

$$AC = \sqrt{2}(R + L_H) = 50.9mm$$

$$AE = EC = \sqrt{R^2 + L_H^2} = 25.46mm$$

跨间圆弧半径　　　　　$r_{k2} = 7mm$

辊缝　　　　　　　　　$s_2 = 5mm$

腿端斜度　　　　　　　$y = 10.5\%$

　　　　　　　　　　　$r_1 = 2mm$

　　　　　　　　　　　$r_2 = 1mm$

锁口长度　　　　　　　$z = 5mm$

间隙　　　　　　　　　$\delta = 1mm$

按上述计算结果即可画出 K_2 孔型图。按上述轮廓线固定法画出其他各蝶式孔孔型图。计算结果见表 1-15，孔型图如图 1-50 所示。

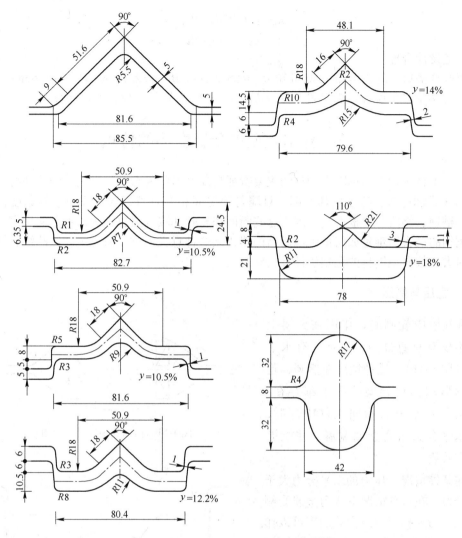

图 1-50　50mm×50mm×5mm 角钢孔型图

1.6.3.4　验算

首先验算 K_1、K_2、K_3 孔的顶角压下系数是否大于腿厚压下系数。

$$g_{k1} = \sqrt{2}(r_{k1} + d_{k1}) - r_{k1} = 1.414 \times (5.5 + 5) - 5.5 = 9.35\text{mm}$$

$$g_{k2} = \sqrt{2}(r_{k2} + d_{k2}) - r_{k2} = 1.414 \times (7 + 6.3) - 7 = 11.81\text{mm}$$

$$g_{k3} = \sqrt{2}(r_{k3} + d_{k3}) - r_{k3} = 1.414 \times (9 + 8) - 9 = 15.04\text{mm}$$

$$g_{k2}/g_{k1} = 11.81/9.35 = 1.263$$

$$g_{k3}/g_{k2} = 15.04/11.81 = 1.273$$

$$d_{k2}/d_{k3} = 6.3/5 = 1.260$$

$$d_{k3}/d_{k2} = 8/6.3 = 1.27$$

由上述计算可以看出

$$g_{k2}/g_{k1} > d_{k2}/d_{k1}$$
$$g_{k3}/g_{k2} > d_{k3}/d_{k2}$$

孔型设计合理。

再验算槽口宽度，由图 1-50 可知 $B_{k1} = 85.5\text{mm}$，$B_{k2} = 82.7\text{mm}$，$B_{k3} = 81.6\text{mm}$，$B_{k4} = 80.4\text{mm}$，$B_{k5} = 79.6\text{mm}$。满足 $B_{k1} > B_{k2} > B_{k3} > B_{k4} > B_{k5}$ 的条件。故孔型设计合理。

1.7　异型孔型中金属变形的特点

异型钢材区别与简单断面钢材的主要特征是断面形状复杂。异型钢材的共同特点是具有腿部（或称边部、凸缘）和腰部，且腿与腿之间相互垂直，或者成一定的角度，如工字钢、槽钢、钢轨、窗框钢等。因为这些断面都有腿和腰，故也称为凸缘断面型钢。轧制这种型钢的最大困难是如何得到薄而高的腿，从这种意义上讲，研究金属在凸缘轧槽中的变形对大多数异型钢材的孔型设计有指导意义。

1.7.1　直压与侧压

在轧槽中轧制时，作用在金属上的力不仅有垂直分力，而且还有水平分力（图 1-51），这种情况在椭圆、菱形、圆形和其他异型孔型中都存在。当压力的水平分力指向轧件中部时，这些水平分力阻碍金属宽展，并能提高延伸系数。

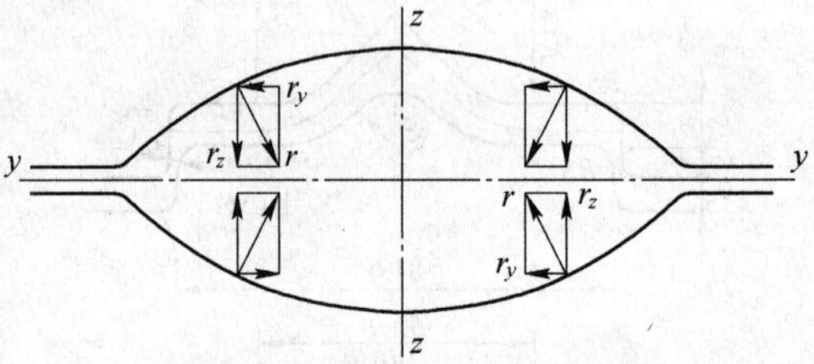

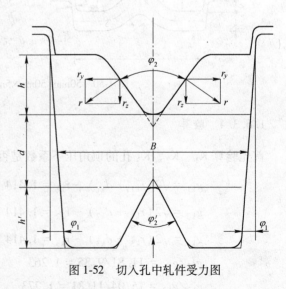

图 1-51　椭圆孔中轧件受力图

在某种情况下压力的水平分力大于垂直分力，在这种情况下认为金属受侧压加工。切入孔型中凸缘的加工可以作为侧压加工的例子（图 1-52）根据切入楔侧角大小的不同，水平和垂直分力的关系也是不同的。当切入楔对水平线的角度小于 45°时（压力的水平分量小于垂直分量）金属受直压加工；如果切入楔对水平线的角度大于 45°（压力的水平分量大于垂直分量）则金属受侧压加工。

轧制凸缘断面型钢时常受到侧压，为了得到良好的凸缘断面，必须正确使用侧压。

图 1-52　切入孔中轧件受力图

1.7.2　金属在凸缘轧槽中的受力分析

研究异型钢材的变形时，常以工字钢为例，这是因为工字钢在孔型中轧制时具有开口腿、闭口腿和腰部，有较强的代表性。

在轧制过程中，工字钢腰部受到直压而减薄，而腿部受到复杂的加工。腿部减薄是通过进入在纵向和垂直方向逐渐缩小的轧槽而实现的。

下面研究进入闭口槽和开口槽时作用在开口腿和闭口腿上的力，受力分析是在如下假设条件下进行的：

（1）开闭口轧槽的形状和尺寸相同；

（2）开闭口轧槽的侧压相同；

（3）开闭口轧槽中均无高向压下；

（4）轧件无纵向应力。

为了确定轧辊在对轧件摩擦力的方向，首先研究轧件对轧辊的作用力。图 1-53 表明在开闭口轧槽轧件对轧辊的正压力 P、P_1 和摩擦力 T、T_1 的方向。

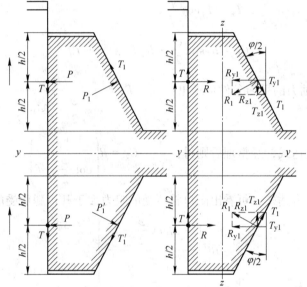

图 1-53 开闭口腿轧槽中轧件对轧辊的作用力和轧辊对轧件作用力

由图 1-53 可以看出，工字钢轧件的腿部进入闭口轧槽时，两个侧壁的作用力（T_{z1} + R_{z1}）的 T 均为阻力，即该力对轧件进入闭口槽起阻碍作用。闭口槽的阻力用下式表示：

外侧壁阻力 $\qquad\qquad\qquad T = fR$

内侧壁阻力 $\quad T_{z1} + R_{z1} = T\cos\dfrac{\varphi}{2} + R_1\sin\dfrac{\varphi}{2} = R_1\left(f\cos\dfrac{\varphi}{2} + \sin\dfrac{\varphi}{2}\right)$

闭口槽对腿的总阻力

$$C_b = Rf + R_1\left(f\cos\dfrac{\varphi}{2} + \sin\dfrac{\varphi}{2}\right)$$

根据 y-y 轴力的平衡条件，得出：

$$R - R_{y1} + T_{y1} = 0$$

式中，$R_{y1} = R_{1\cos}\dfrac{\varphi}{2}$；$T_{y1} = T_1\sin\dfrac{\varphi}{2} = R_1 f\sin\dfrac{\varphi}{2}$。

代入上式得： $\qquad\qquad R - R_1\cos\dfrac{\varphi}{2} + R_1\sin\dfrac{\varphi}{2} = 0$

由此得出：
$$R_1 = \frac{R}{\cos \frac{\varphi}{2} - f\sin \frac{\varphi}{2}}$$

将 R_1 代入 C_b 的表达式得：

$$C_b = Rf + \frac{R}{\cos \frac{\varphi}{2} - f\sin \frac{\varphi}{2}}\left(f\cos \frac{\varphi}{2} + \sin \frac{\varphi}{2}\right) = R\left(\frac{1 + 2f\cot \frac{\varphi}{2} - f^2}{\cot \frac{\varphi}{2} - f}\right)$$

由图 1-53 还可见，工字钢轧件的腿进入开口槽所受的阻力：对内侧壁 $T_{z1}+R_{z1}$，对外侧壁为 T。

开口槽对轧件腿部的总阻力为：$C_k = R_{z1} + T_{z1} - T$

式中，$T = Rf$；$R_n = R_1\sin \frac{\varphi}{2}$，$T_n = T_1\cos \frac{\varphi}{2}$。

所以
$$C_k = R_1\sin \frac{\varphi}{2} + R_1 f\cos \frac{\varphi}{2} - Rf$$

同样根据 $y-y$ 轴力的平衡条件可求出：
$$R_1 = \frac{R}{\cos \frac{\varphi}{2} - f\sin \frac{\varphi}{2}}$$

将 R_1 值代入 C_k 的表达式，经整理后则得：
$$C_k = R\left(\frac{1 + f^2}{\cot \frac{\varphi}{2} - f}\right)$$

对比 C_b 和 C_k 的表达式，可看出闭口腿所受的阻力大于开口腿所受的阻力。

C_b 和 C_k 的比值为：
$$\frac{C_b}{C_k} = \frac{R\left(\dfrac{1 + 2f\cot \frac{\varphi}{2} - f^2}{\cot \frac{\varphi}{2} - f}\right)}{R\left(\dfrac{1 + f^2}{\cot \frac{\varphi}{2} - f}\right)} = \frac{1 + 2f\cot \frac{\varphi}{2} - f^2}{1 + f^2}$$

由上式可以看出，在工字钢孔型中开口和闭口槽内的阻力之比顺轧制程序并非是固定的，而是随腿的内侧壁斜度 $\varphi/2$ 和摩擦系数 f 的变化而变化，在前几个孔型中 $\varphi/2$ 角达 $30° \sim 40°$，顺轧制方向减小，在成品孔和成品前孔均为 $10°$ 左右，此外，由于轧件温度逐渐降低，毛孔和精轧孔型中的轧辊表面状态也不同，因此摩擦系数 f 也是变化的。

表 1-18 和图 1-54 是 φ 值由 $20°$ 开始每隔 $10°$ 变化到 $90°$，摩擦系数由 0.1 开始每隔 0.1 变化到 0.5 时，计算出 C_b/C_k 值的结果。

表 1-18　闭口槽和开口槽的阻力比

$\varphi/(°)$	$\dfrac{\varphi}{2}/(°)$	当摩擦系数为如下各值时的比值 C_b/C_k				
		f_1	f_2	f_3	f_4	f_5
20	10	2.10	3.08	3.92	4.60	5.12

$\varphi/(°)$	$\dfrac{\varphi}{2}/(°)$	当摩擦系数为如下各值时的比值 C_b/C_k				
		f_1	f_2	f_3	f_4	f_5
30	15	1.77	2.44	3.04	3.30	3.58
40	20	1.52	1.97	2.38	2.62	2.80
50	25	1.40	1.75	2.02	2.20	2.32
60	30	1.32	1.59	1.75	1.92	1.98
70	35	1.27	1.47	1.62	1.70	1.75
80	40	1.22	1.38	1.49	1.54	1.55
90	45	1.17	1.31	1.38	1.40	1.40

由表1-14和图1-54可见，随着 φ 角的减小，闭口槽与开口槽的阻力比 C_b/C_k 显著增加，在轧制工字钢的成品孔和成品前孔时，当 $\varphi/2$ 与等于10°时，闭口槽中的阻力比开口槽的阻力大3~4倍。在这种条件下，为了避免轧件进入闭口槽被过多地拉缩，必须减小闭口孔型的侧压，为此，有时在成品孔或成品前孔不给侧压，其他异型钢的孔型设计也应遵守这一原则。

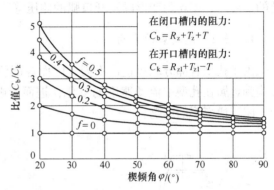

图1-54 在工字形孔型中闭、开口槽阻力比变化曲线

合理的孔型设计应使闭口槽和开口槽的阻力得到平衡，为此，除成品及成品前孔外，其他所有异型孔，轧件的腿部都应毫无阻力的进入闭口槽 1/2~2/3 的深度，进入开口槽 1/3~1/2 的深度，以便保证闭口槽的侧压小于开口槽的侧压。

当闭口和开口槽中的阻力相差较大时，轧件腿部的金属就产生由闭口槽向开口槽流动，结果使闭口腿减短，开口腿高度增长，这在轧制中是经常被发现的，腿部金属在垂直方向的流动还与腰部的阻力有关。腰部把腿分成为闭口腿和开口腿。显然，腰部越厚，且无足够的展宽余地时，它就被孔型两外侧壁夹持越紧，金属由闭口槽向开口槽的流动便越困难，因此，在毛孔孔型中，当金属有闭口槽箱开口槽流动便越困难，因此，在毛孔孔型中，当腿部很厚时，在垂直平面时，在垂直平面上很少有腿部金属的流动。由图1-54的曲线也可看出，在毛孔孔型中的内侧壁斜度比较大，在闭口和开槽中的阻力相差也不大，因此在孔型中金属由闭口槽向开口槽流动的可能性就比较小。

在实践中有时发现相反的现象——轧件的金属由开口槽向闭口槽流动，这是由于轧件的腿部在开口槽中侧压过大造成的。为了减少轧制中的电能消耗以及减小孔型的磨损，希望能完全消除腿部金属在孔型中的这种流动现象。

图1-54的曲线还说明，外摩擦对闭口和开口槽中的阻力比值有极大的影响。外摩擦系数越大，闭口槽的阻力较开口槽的阻力也大得越多；当摩擦系数等于零时，开口和闭口槽中的阻力也就相同了。因此，采用合适的轧辊材质，精车轧辊以及采用热轧润滑的方法来减小摩擦系数，这对于改善金属在闭口槽中的阻力是有利的。在轧制工字钢和其他异型

钢材时，常遇到的困难是难以使轧件在闭口槽中充满，为了克服这种困难，应采取所有可能的措施来减小外摩擦系数。

1.7.3　拉缩与增长

工字形轧件进入工字形孔型中轧制，在腿部高向无直压的条件下，轧后腿长比轧前腿长缩短的现象称为拉缩，如图 1-55 所示，虚线为轧前轧件尺寸，实线为轧后轧件尺寸，Δh_b 为拉缩值。同样条件下，如果轧后腿长增长了，则称为增长。

在前面讨论轧件在开口槽和闭口槽的受力分析时，实际上已经涉及 C_b / C_k 影响轧件腿高的拉缩与增长，这只是造成腿的拉缩与增长的一个原因。

下面讨论的是当 $C_b / C_k = 1$ 时，其他因素对腿的拉缩与增长的影响。其中包括轧辊各处的速度差、不均匀变形以及开口腿的侧压等。

1.7.3.1　速度差的影响

由于孔型各部分轧辊直径不同，因而各部位的速度也不同，如图 1-56 所示，它必然影响到金属在孔型中流动速度的变化，进而影响变化规律。下面分别讨论速度差对开口槽、闭口槽变形的影响。

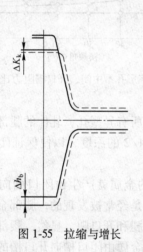

图 1-55　拉缩与增长

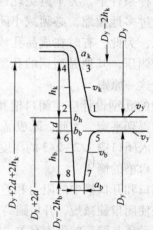

图 1-56　工字形孔型各点的辊径及速度

A　开口槽

开口槽的根部端部的速度和平均速度表示如下。

开口槽的根部：
$$v_1 = \frac{\pi n}{60} D_y$$

$$v_2 = \frac{\pi n}{60}(D_y + 2d)$$

根部平均速度：
$$v_{12} = \frac{1}{2}(v_1 + v_2) = \frac{\pi n}{60}(D_y + d)$$

开口槽的端部：
$$v_3 = \frac{\pi n}{60}(D_y - 2h_k)$$

$$v_4 = \frac{\pi n}{60}(D_y + 2h_k + 2d)$$

端部平均速度：$\qquad v_{34} = \dfrac{1}{2}(v_3 + v_4) = \dfrac{\pi n}{60}(D_y + d)$

开口槽的平均速度：$\quad v_{kc} = \dfrac{1}{2}(v_{12} + v_{34}) = \dfrac{\pi n}{60}(D_y + d)$

因为轧件是一个整体，腰部面积较大，又处于轧辊直压作用下，假定整个轧件以腰部速度 $v_y = \pi n/60 D_y$ 作为轧件的出辊速度。若轧件开口腿的面积为 F_k，则轧件再开口槽中的秒流量为 $v_y F_k$，但其自然秒流量为 $v_{kc} F'_k$，由于自然秒流量与实际秒流量相等，则

$$V_f F_k = v_{kc} F'_k$$

而

$$v_{kc} > v_y$$

所以

$$F'_k < F_k$$

令 $F'_k = F_k - \Delta F_k$，则得

$$v_y F_k = v_{kc}(F_k - \Delta F_k) \qquad 或 \qquad \frac{v_y}{v_{kc}} = \frac{F_k - \Delta F_k}{F_k}$$

式中，ΔF_k 是由于腰部的自然速度小于开口腿的自然速度而引起的开口腿面积实际增加的部分，如果腿部面积看成梯形面积，则上式写成：

$$\frac{v_y}{v_{kc}} = \frac{\dfrac{1}{2}(a_k + b_k)(h_k - \Delta h_k)}{\dfrac{1}{2}(a_k + b_k) h_k} = 1 - \frac{\Delta h_k}{h_k}$$

解上式即可得到轧件在开口腿中由于速度差而引起的增长量 Δh_k 值：

$$\Delta h_k = h_k \left(1 - \frac{v_y}{v_{kc}} \right) = h_k \frac{d}{D_r + d}$$

B　闭口槽

闭口槽的根部和端部的速度及平均速度表示如下。

闭口槽根部速度：$\qquad v_{56} = v_5 = v_6 = \dfrac{\pi n}{60} D_y$

闭口槽端部速度：$\qquad v_{78} = v_7 = v_8 = \dfrac{\pi n}{60}(D_y - 2h_b)$

闭口槽平均速度：

$$v_{bc} = \frac{1}{2}(v_{56} + v_{78}) = \frac{\pi n}{60}(D_y - h_b)$$

金属在闭口槽的秒流量 $v_y F_b$，而金属在闭口槽中的自然秒流量为 $v_{bc} F'_b$，由于 $v_y F_b = v_{bc} F'_b$，而 $v_y > v_{bc}$，所以 $F_b < F'_b$，如果令 $F'_b = F_b + \Delta F_b$，则有

$$V_y F_b = v_{bc}(F_b + \Delta F_b)$$

式中，ΔF_b 是由于闭口槽的速度小于腰的速度而引起的闭口腿面积的减少，上式也可写成：

$$\frac{v_y}{v_{bc}} = \frac{F_b + \Delta F_b}{F_b} = \frac{\dfrac{1}{2}(a_b + b_b)(h_b + \Delta h_b)}{\dfrac{1}{2}(a_b + b_b) h_b} = 1 + \frac{\Delta h_b}{h_b}$$

解上式即可得到由于速度差的影响，轧件腿部在闭口槽中的拉缩量为 Δh_b：

$$\Delta h_\mathrm{b} = h_\mathrm{b}\left(\frac{v_\mathrm{y}}{v_\mathrm{bc}} - 1\right) = \frac{h_\mathrm{b}^2}{D_\mathrm{y} - h_\mathrm{b}}$$

1.7.3.2　不均匀变形的影响

用矩形坯、方坯或异型坯轧制异型断面轧件时，不均匀变形是难以避免的，不均匀变形的存在又引起了金属的复杂流动，下面在不考虑其他因素的条件下，讨论工字形孔型中不均匀变形对腿部拉缩与增长的影响。

应当指出，在一般二辊孔型中轧制工字钢时，可以认为轧件是以腰部延伸，也就是无论腿部的自然延伸有多大，轧件也将以腰部延伸而延伸，必然引起附加延伸。令腿部延伸为 μ_t，腰部延伸为 μ_y，则定义附加延伸为 μ_Δ。

若　　　　　　　　　$\mu_\mathrm{y} = \mu_\mathrm{t}\mu_\Delta$

则　　　　　　　　　$\mu_\Delta = \mu_\mathrm{y}/\mu_\mathrm{t}$

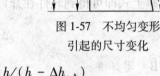

图 1-57　不均匀变形引起的尺寸变化

附加延伸为腰部延伸与腿部延伸的比值。当腰部延伸大于腿部延伸时，轧件的腿部附加延伸是由于轧件高度的减小和腿厚的减薄来实现的，即 $\mu_\Delta = \dfrac{1}{\eta}\lambda$，其中 $1/\eta$ 是腿部高向附加拉缩，$1/\eta = h/(h - \Delta h_{\mu\Delta})$ 如图 1-57 所示，λ 是腿部宽向附加拉缩。$\lambda = x'/x_0$ 若假定 $1/\eta = \lambda$，则有：

$$\mu_\Delta = (1/\eta)^2 = \lambda^2$$

所以 $1/\eta = \lambda = \sqrt{\mu_\Delta}$

与 $\Delta h_\mathrm{b} = h_\mathrm{b}\left(\dfrac{v_\mathrm{y}}{v_\mathrm{bc}} - 1\right) = \dfrac{h_\mathrm{b}^2}{D_\mathrm{y} - h_\mathrm{b}}$ 相比，$1/\eta = \sqrt{\mu_\mathrm{y}/\mu_\mathrm{t}} = h/(h - \Delta h_{\mu\Delta})$

式中的 $\Delta h_{\mu\Delta}$ 是由于不均匀变形而引起的腿长的变化，解上式可得到：

$$\Delta h_{\mu\Delta} = h(1 - 1/\sqrt{\mu_\mathrm{y}/\mu_\mathrm{t}})$$

由 $\Delta h_{\mu\Delta} = h(1 - 1/\sqrt{\mu_\mathrm{y}/\mu_\mathrm{t}})$ 可知，当 $\mu_\mathrm{y}/\mu_\mathrm{t} = 1$ 时，即腰部延伸等于腿部延伸时，$\Delta h_{\mu\Delta} = 0$；当 $\mu_\mathrm{y}/\mu_\mathrm{t} > 1$ 时，即腰部延伸大于腿部延伸时，$\Delta h_{\mu\Delta} > 0$，腿拉缩；当 $\mu_\mathrm{y}/\mu_\mathrm{t} < 1$ 时，即腰部延伸小于腿部延伸时，$\Delta h_{\mu\Delta} < 0$，腰增长。

总结以上分析可得到如下结论：

（1）当无不均匀变形时，即 $\mu_\mathrm{y} = \mu_\mathrm{k} = \mu_\mathrm{b}$ 时，腿部不产生拉缩与增长。

（2）当腰部延伸大于腿部延伸时，即 $\mu_\mathrm{y} > \mu_\mathrm{t}$ 时，腿部产生拉缩。

（3）当腰部延伸小于腿部延伸时，即 $\mu_\mathrm{y} < \mu_\mathrm{t}$ 时，腿部产生增长。

1.7.3.3　侧压的影响

在此所讨论的侧压是指轧件腿部再开口槽中的侧向压下量，它使轧件的腿部变薄，在闭口槽中轧件腿厚与闭口槽厚度差，一般也称为侧压，但实际上并非侧压而为楔卡或楔挤。其变形特点与开口槽的侧压完全不同。

轧件腿部进入工字孔开口槽中的受力和变形情况如图 1-58 所示，由图可见，孔型的外侧壁上有使轧件腿部在开口槽中增长的力 T，而内侧壁——楔壁有使轧件腿部在开口槽中缩短的作用力 $R_{z1}+T_{z1}$。

除此之外，由于有侧压量 t_1-t_2，一部分金属如同宽展一样流向腿的端部，使腿部增长，同时开口槽两轧辊对轧件有辗轧现象。因此，轧件在开口槽的变形条件优于平辊轧制。不能用计算平辊轧制时计算宽展的公式计算由于侧压而使腿部产生的增长。到目前为止，还没有精确计算由于侧压而使腿部产生增长的公式。

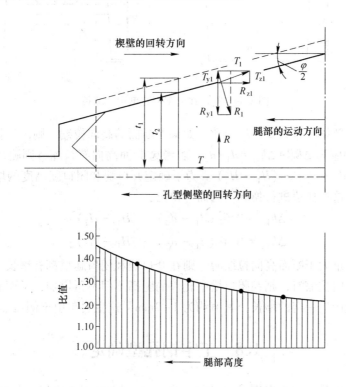

图 1-58　在开口槽中由于侧压形成的宽展

1.7.4　不对称变形

在一个工字形孔型中，由于闭口槽和开口槽中的作用力条件不同，速度条件不同，侧压性质不同，结果使轧件在工字孔型中变形不对称，这主要表现在轧件在开口腿增长和闭口腿拉缩上，当在切深孔中轧制矩形断面钢坯时，这种不对称特别明显。

例如，在开口和闭口槽尺寸都相同的切深孔中轧制矩形坯所得的轧件腿长，其开口腿比闭口腿增长 1.5~2 倍。随着条件的不同，在同一孔型中轧出的不对称程度也不同。轧件在孔型中限制宽展的程度越大，则开口和闭口腿长度不对称程度也越大，再无展宽的工字形孔型中轧制时，轧件不与外侧壁接触，则不发生不对称现象，而是轧件的开口腿和闭口腿高度相等。在其他条件相同时，矩形坯的高度也影响着轧件在切深空中的变形的不对称，矩形坯越高，在工字形切深孔中不对称变形程度越严重。轧件在工字形切深孔和毛轧孔中变形不对称的主要原因是由于孔型外侧壁的作用，即孔型外侧壁与轧件之间摩擦力的作用。在计算和构成工字形切深孔及毛轧孔型时，必须考虑这种不对称现象。矩形坯在切深孔型中是被切深出轧件腿部的，如图 1-59（a）所示，轧后轧件的腿长 $h_{k1} > h_{b1}$，在计算切身孔型时，开口腿 h_{k1} 和闭口腿 h_{b1} 之比可大致取值为 $h_{k1}/h_{b1} \approx 1.5$。在切深孔以后的毛轧孔型中轧制时，如图 1-59（b）所示，由于断面的总高度减小，腿高的增加为：

$$\Delta h_{b2} = h_{b2} - h_{k1}; \quad \Delta h_{k2} = h_{k2} - h_{b1}$$

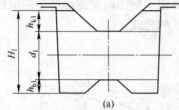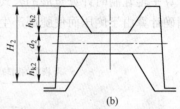

图 1-59　轧件在工字形孔型中的腿长

这是由于腿部压下量为 $d_1 - d_2$ 所致。如果无断面的高向拉缩，则由于腰部压下，其腿部高度总增加量应为 $\Delta h_{b2} + \Delta h_{k2} = d_1 - d_2$；若考虑断面高向有拉缩，则腿部的总增加量为 $\Delta h_{b2} + \Delta h_{k2} = (d_1 - d_2) - (H_1 - H_2)$。为了确定开口腿和闭口腿高度的增加量，可利用 $\Delta h_{k2}/\Delta h_{b2} = 1.5$ 这一比值进行换算。因而可得出：

$$\Delta h_{k2} = 0.6[(d_1 - d_2) - (H_1 - H_2)]$$

$$\Delta h_{b2} = 0.4[(d_1 - d_2) - (H_1 - H_2)]$$

当腰部压下量大于断面高向拉缩时，则在开口腿和闭口腿里都有增长，当腰部压下量正好等于断面高向拉缩时，则在闭口槽中轧件的腿高不但不再增加，反而有减小；同时在开口槽中还可能产生一定的增长，其值约为 1~2mm，这主要是由于侧压形成的。

1.8　工字钢孔型确定

工字钢的规格是用腰宽来表示的（单位为 cm），如 10 号工字钢，其腰宽为 10cm，工字钢的种类有热轧普通工字钢、轻型工字钢和宽平行腿工字钢（H 型钢）。我国热轧普通工字钢的腰宽为 100~630mm，表示为 No. 10~No. 63，腿内侧壁斜度为 1:6。

1.8.1　直轧孔型系统

直轧孔型系统是指工字钢孔型的两个开口腿同时处于辊轴线的同一侧，腰与辊轴线平行的孔型系统，如图 1-60 所示，其优点是轧辊轴向力小。轴向窜动小，不需工作斜面孔型占用辊身长度小，在辊身长度一定的条件下可多配孔型。但其缺点较多，主要有：成品孔的腿与腰不成 90°，一般有 0.5%~1.0% 的斜度，形成腿的内并外扩现象，影响成品断面形状；由于孔型侧壁斜度小，轧件轧后不易脱槽，轧槽磨损后重车量大；直轧法腿的拉缩量大，因此需要较高的钢坯，导致轧制道次多，产量低，各项消耗指标高，轧辊刻槽深，槽底工作直径小，影响轧辊强度。

为了增大孔型的侧壁斜度，有时直轧系统可采用弯腰轧法，如图 1-61 所示。其特点是除了成品孔和腰较窄的切深孔之外，其他各孔（尤其是大号工字钢）均可采用弯腰孔型，弯腰程度应保证闭口腿的内侧壁斜度不出现内斜。这种孔型的外侧壁斜度可加大到

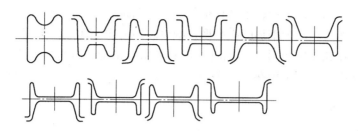

图 1-60 直轧孔型系统图

10%~47%；为了消除成品腿的内并外扩，有
的轧机上采用万能成品机架，其孔型构成如
图 1-62 所示。这种孔型由四个轧辊组成，一
对主传动的水平辊，一对被动立辊组成腰与

图 1-61 弯腰轧制的工字型孔型

腿互相垂直的成品孔。采用这些措施可使直轧孔型系统的缺点得到一定的改善。

1.8.2 斜轧孔型系统

这种孔型系统是指工字钢孔型的两个开口腿不同时处于腰部的同一侧，腰与水平线有
一夹角，如图 1-63 所示。

斜轧孔型系统又分为直腿斜轧系统和弯腿斜轧系统。直腿斜轧孔型系统的优点是：在
保持腰与腿外侧壁垂直的情况下，可加大侧壁斜度，一般孔型在轧辊上的配置斜度为
10%~25%，最大斜度为闭口腿内侧壁斜度之半；开口槽允许的测压量大，可减少钢坯高度，
进而减少轧制道次；孔型宽度容易修复，减少重车量，提高轧辊使用寿命；轧制力小，能耗
少；产品尺寸和形状稳定，成品质量好。其缺点是：轧制时轴向力大，轧辊易产生轴向窜
动，为控制轴向窜动，轧辊上要配有工作斜面，形成双辊环，孔型占用辊身长度较大；作用
于轧件腰部的水平力有使轧件腰撕裂的作用，如果腰较薄，孔型配置斜度过大时，腰易被撕
裂，因此斜轧孔型系统的配置斜度顺轧制方向减少；斜配时腰部卫板不易安装。

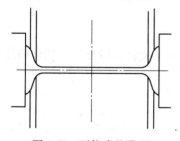

图 1-62 万能成品孔型

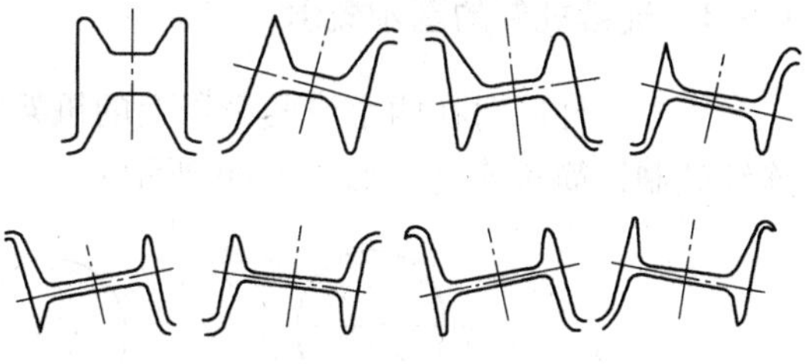

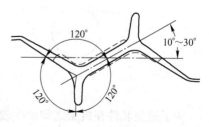

图 1-63 直腿斜轧孔型系统

弯腿斜轧孔型系统是为了充分发挥斜轧孔型系
统的优点，尽量加大开口腿的侧壁斜度而产生的一
种孔型系统，这种孔型系统的特点是在直腿斜轧孔
型系统的基础上，腿相对于腰的外侧壁的夹角大于
90°，如图 1-64 所示。这时腰与水平线的交角可达到
10°~23°。弯腿斜轧法除具有直腿斜轧孔型系统的优
点外，由于开口腿斜度的进一步加大，开口腿中的

图 1-64 弯腿斜轧孔型

侧压量也可进一步加大，更加剧了开口槽腿的增长和减少了闭口槽腿的拉缩，有时在闭口槽也能造成腿的增长；减少钢坯断面高度，减少轧制道次等优点比直腿斜轧孔型系统更明显。因此近年来在轧制中小号工字钢时，普遍采用该系统，有时轧制大号工字钢时也采用。但弯腿斜轧系统不宜于用在最后 2~3 个孔型中。

1.8.3　混合孔型系统

根据轧机和生产的特点，为充分发挥各自系统的优点，克服缺点，往往采用混合孔型系统，即两种以上系统的组合。如成品孔和成品前孔采用直腿斜轧孔型系统，其他孔型采用弯腿斜轧系统；或者粗轧孔采用直轧系统，最后 3~4 个精轧孔采用直腿斜轧孔等。

1.8.4　特殊轧法

由于某种原因采用通常的轧制方法难以轧出要求的工字钢时，可采用特殊轧法，充分利用不均匀变形和孔型设计的技巧。例如，当钢坯断面较窄而要求轧制较宽的工字钢时，可采用如图 1-65 所示的波浪式轧法；又如当坯料较宽而要求轧制较小号工字钢时，可采用负宽展轧制等。

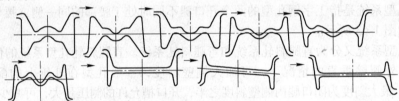

图 1-65　波浪式轧法

1.9　连轧机孔型确定

1.9.1　连续轧制的基本概念

一根轧件同时在两个或两个以上的机架中轧制并且各架秒流量相等，这样的轧制称为连续轧制，简称连轧，如图 1-66 所示。

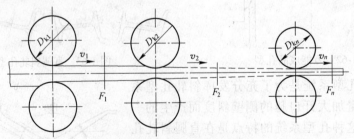

图 1-66　连轧过程

为了避免轧件在机架之间产生较大的拉力或推力，连轧机孔型设计时，应基本遵守连轧各道金属秒流量相同的原则，即

$$v_1 F_1 = v_2 F_2 = \cdots = v_n F_n$$

式中 v_1, v_2, $\cdots$, v_n——第 1, 2, $\cdots$, n 道轧件的出口速度；

F_1, F_2, $\cdots$, F_n——第 1, 2, $\cdots$, n 道轧件轧后的断面面积。

将各机架轧辊工作直径 D_k, 轧辊转数 n 和轧件的前滑代入上式，则有：

$$F_1 \frac{\pi D_{k1} n_1}{60}(1 + S_1) = F_2 \frac{\pi D_{k2} n_2}{60}(1 + S_2) = \cdots = F_n \frac{\pi D_{kn} n_n}{60}(1 + S_n)$$

或 $$F_1 D_{k1} n_1 (1 + S_1) = F_2 D_{k2} n_2 (1 + S_2) = \cdots = F_n D_{kn} n_n (1 + S_n)$$

式中 S_1, S_2, $\cdots$, S_n——第 1, 2, $\cdots$, n 道轧件的前滑值。

由上式可知，影响连轧机秒流量值变化的有 F、D_k, n 和 S。现分述如下：

（1）各道轧件轧后的断面积。轧制时轧件轧后断面积计算的准确性直接影响秒流量计算的准确性，进而影响连轧状态的稳定性。故断面面积的计算方法至关重要。

在轧制过程中各道轧件轧后的断面面积不可能是固定不变的，其原因是：由于调整或轧件温度变化引起辊缝值的变化；由于轧件温度变化引起宽展量的变化；孔型的磨损等。所以在轧制过程中各道轧件的实际断面面积不可能恰好等于孔型设计的各道轧件的断面面积。

（2）轧辊工作直径的影响。轧辊工作直径即为轧制时轧件出口断面平均轧制速度所对应的轧辊直径，可用下式计算：

$$D_k = D_0 + S - h_p$$
$$h_p = F_j / B_j$$

式中 D_k——轧辊工作直径，mm；

D_0——轧辊辊环直径，mm；

S——辊缝，mm；

h_p——轧件出口断面平均高度，mm；

F_j——轧件出口断面面积，mm^2；

B_j——轧件出口宽度，mm。

各机架轧辊的工作直径应严格按该式计算。工作直径计算不当，或孔型的磨损，都会影响各架秒流量的变化，这对集体传动的连轧机尤其重要，因为这种连轧机不能通过调速来调节秒流量。

（3）转速的影响。对直流电机单独传动的连轧机，调节各机架秒流量的最有效方法是改变轧辊转速，而集体传动的连轧机则不能采用这种办法。采用调速方法调整本机架与后机架的连轧关系时，必须是本机架的轧辊转速与其前方各机架的转速按一定的比例关系进行增速或减速（通过电器实现）才能使各机架之间保持正确的推拉关系。在此情况下尚需注意直流电机在轧制负荷下的动态速降与静态速降的影响。

（4）前滑的影响。由前滑公式可知，前滑 S 是随轧件的厚度减小而增大，即 $S_1 < S_2 < S_3 < \cdots < S_n$。到目前为止还没有精确计算孔型中前滑的公式，型钢轧制时，前滑 $S = 0.5\% \sim 3\%$。

由以上四个影响因素可以看出，在实际生产中想保持各机架的秒流量绝对相等是不可能的。为了控制轧制过程的顺利进行和连轧机孔型设计方便，往往忽略前滑，将秒流量相等方程写成如下形式：

$$F_1 D_{k1} n_1 = F_2 D_{k2} n_2 = \cdots = F_n D_{kn} n_n = C$$

式中　C——连轧常数。

　　此式在形式上是相等的，实际上是不等的，因为此式忽略了前滑的影响。采用此式进行孔型设计势必造成轧制时轧件在各机架间有一定的张力，但张力不大，可满足实际轧制的要求。

　　为了保证稳定轧制，根据连轧机的布置形式、各机架之间的距离及轧件断面的大小可采用拉钢或堆钢轧制。常用堆钢或拉钢率表示堆拉钢的程度，堆钢或拉钢率为：

$$\psi_i = \frac{C_i - C_{i-1}}{C_{i-1}} \times 100\%$$

式中　C_i，C_{i-1}——顺轧制过程第 i，$i-1$ 架的连轧常数。

　　上式若为正值称拉钢率，负值则为堆钢率。

　　也可用堆拉钢系数表示，写成：

$$\varphi_i = C_i / C_{i-1}$$

　　φ_i 大于 1 为拉钢，小于 1 为堆钢。

　　堆拉率与堆拉系数的关系为：

$$\psi_i = \varphi_i - 1$$

　　在顺序式布置的连轧机间应保持拉钢轧制，在有活套形成器的机架间也可采用堆钢轧制。精轧孔型之间的拉钢率一般为 0.5% ~ 1.5%；中轧孔型之间的拉钢率为 1% ~ 3%。多槽轧制时选上限，单槽或双槽轧制时选下限。

　　在横列式轧机上采用火套轧制时，一般都采用堆钢轧制。为了减少火套过大的缺点，可采用按轧制顺序逐道增大辊径的方法，以减少活套的长度。

　　在复二重试连轧机上，套轧部分孔型一般为孔型进椭圆孔，它们之间可采用堆钢轧制或拉钢轧制。小断面（边长 10mm 以下）的坯料常采用堆钢轧制，堆钢率为 0.5% ~ 1%。大于10mm 的精轧及中轧孔多采用拉钢轧制，拉钢率为 1% ~ 2%。图 1-67 所示为半连续式轧机各机架之间堆钢率的选择范围。

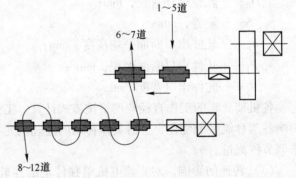

图 1-67　复二重式线材轧机拉钢率的分配

1.9.2　连轧的三种轧制状态

　　型钢连轧机，尤其是线材和棒材连轧机均存在三种连轧状态。

1.9.2.1　自由轧制状态

　　自由轧制状态各机架秒流量相等：

$$F_1 v_1 = F_2 v_2 = \cdots = F_n v_n$$

由于 $\mu_1 = F_0 / F_1$，$\mu_2 = F_1 / F_2 = v_2 / v_1$，$\cdots$，$\mu_n = F_{n-1} / F_n = v_n / v_{n-1}$

而
$$\mu_{\sum} = \mu_1 \mu_2 \mu_3 \cdots \mu_n = \mu_1 \frac{v_2}{v_1} \frac{v_3}{v_2} \cdots \frac{v_n}{v_{n-1}} = \mu_1 \frac{v_n}{v_1}$$

式中，$v_n = \pi n_n D_{kn}/60$；$v_1 = \pi n_1 D_{k1}/60$。

则有
$$\mu_{\sum} = \mu_1 \frac{n_n D_{kn}}{n_1 D_{k1}}$$

设 $i_{n\sum} = n_n/n_1$，则

$$\mu_{\sum} = \mu_1 i_{n\sum} \frac{D_{kn}}{D_{k1}}$$

对于单独传动的连续式轧机，万能型钢连轧机均可按自动轧制状态，即各架秒流量相等的方法进行孔型设计，但是，在实际生产中保持秒流量恒等是不可能的，不过，由于各种因素造成的秒流量变化可以通过调整电机转速进行调节。

1.9.2.2 拉钢轧制

拉钢轧制是顺轧制方向，每一道的秒流量都大于前一道的秒流量，即
$$F_1 v_1 < F_2 v_2 < F_3 v_3 < \cdots < F_n v_n$$

设拉钢系数为 φ，则

$$\varphi_2 = \frac{F_2 v_2}{F_1 v_1}, \quad \varphi_3 = \frac{F_3 v_3}{F_2 v_2}, \quad \cdots, \quad \varphi_n = \frac{F_n v_n}{F_{n-1} v_{n-1}}$$

φ 大于 1 为拉钢轧制，φ 小于 1 的为堆钢轧制。也可写成：

$$\mu_2 = \frac{F_1}{F_2} = \frac{v_2}{v_1 \varphi_2} = \frac{n_2 D_{k2}}{n_1 D_{k1} \varphi_2} = \frac{i_2}{\varphi_2} \frac{D_{k2}}{D_{k1}}$$

$$\mu_3 = \frac{i_3}{\varphi_3} \frac{D_{k3}}{D_{k2}}$$

$$\vdots$$

$$\mu_n = \frac{i_n}{\varphi_n} \frac{D_{kn}}{D_{kn-1}}$$

则总延伸系数也可写成
$$\mu_{\sum} = \mu_1 \frac{i_2}{\varphi_2} \frac{i_3}{\varphi_3} \cdots \frac{i_n}{\varphi_n} \frac{D_{kn}}{D_{k1}}$$

设计时可按上述关系分配各道延伸系数。

1.9.2.3 堆钢轧制

堆钢轧制是顺轧制方向，每一道的秒流量都小于迁移到的秒流量，即

$$F_1 v_1 > F_2 v_2 > F_3 v_3 > \cdots > F_n v_n$$

在机架之间形成活套，这种轧制状态只能生产有活套形成条件的机架。如图 1-68 所示，活套长度可用下式计算：

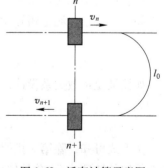

图 1-68 活套计算示意图

活套长度
$$L_n = \left(v_n - \frac{v_{n+1}}{\mu_{n+1}} \right) \left(\frac{l_n - l_0}{v_n} \right) = \left(1 - \frac{i_{n+1}}{\mu_{n+1}} \right) (l_n - l_0)$$

当 n、$n+1$ 架轧辊工作直径相等时：

$$L_n = (1 - \varphi_{n+1})(l_n - l_0)$$

式中　l_n——第 n 道轧件长度；

　　　l_0——轧件从第 n 道到第 $n+1$ 道咬入时所通过的距离。

在线棒材轧制中，有活套形成的条件时均可采用堆钢轧制。因为堆钢轧制有利于保证断面形状尺寸精度。

1.9.3　连轧机孔型设计的方法与步骤

1.9.3.1　单独传动的连轧机

这类连轧机的每个机架都是直流电机单独传动的，因此利用调整轧辊转速调节各机架的秒流量是非常方便的，所以这类连轧机可按一般孔型设计的方法进行设计，之后根据各机架的连轧常数相等确定各机架的轧辊转速。

$$F_1 n_1 D_{k1} = F_2 n_2 D_{k2} = \cdots = F_n n_n D_{kn} = C_n$$

$$n_i = \frac{C_n}{F_i D_{ki}}$$

1.9.3.2　集体传动的连轧机

A　新设计的连轧机

连轧机设计的依据是工艺设计，所以进行连轧机设计时必须知道该轧机的生产能力、产品和坯料规格，以及生产各种产品的合理孔型设计。对这类连轧机应首先按一般孔型设计方法设计各种产品的合理孔型，之后确定各机架的轧辊工作直径，最后确定各机架的轧辊转速。由此不难看出，这类轧机的孔型设计和单独传动的连轧机的孔型设计是相同的。

B　已有的集体传动的连轧机

这类连轧机各机架轧辊的转速已经确定。而且是固定不变的，因此要保持各机架秒流量相等只有靠调整各机架轧件形状和尺寸以及轧辊平均工作直径来解决，而它们之间又是相互影响的，所以这类连轧机的孔型设计比较复杂。

对集体传动的连轧机，由于设备结构的限制，连接轴的倾角也不能太大，所以各机架的轧辊直径也不能变化太大。

如按各机架秒流量相等设计，则有：

$$\mu_{\sum} = \mu_1 i_2 i_3 \cdots i_n \frac{D_{kn}}{D_{k1}}$$

如按堆拉系数关系设计，则有：

$$\mu_{\sum} = \mu_1 \frac{i_2}{\varphi_2} \frac{i_3}{\varphi_3} \cdots \frac{i_n}{\varphi_n} \frac{D_{kn}}{D_{k1}}$$

由上式可知，除第一机架外，各机架的延伸系数是不能任意选择的，它取决于与前一机架轧辊的转速比 i。总延伸系数 $\mu_{\sum}$ 取决于轧件在第一机架的延伸系数 μ_1 和各架轧辊转速与前一孔机架轧辊转速之比 i，及堆拉系数 φ_i。因此，当成品断面一定时，坯料的断面尺寸就基本上是固定的。

集体传动线棒材连轧机孔型设计步骤如下：

（1）根据成品规格确定热轧状态成品轧件的断面尺寸，面积和连轧常数。

（2）根据轧辊转速和堆拉系数确定各机架孔型中轧件的延伸系数和轧后轧件面积：

$$\mu_n = \frac{i_n}{\varphi_n} \frac{D_{kn}}{D_{kn-1}} ; \quad \cdots; \quad \mu_2 = \frac{i_2}{\varphi_2} \frac{D_{k2}}{D_{k1}}$$

$$\mu_1 = \mu_{\sum} / (\mu_2 \mu_3 \cdots \mu_n)$$

$$F_{n-1} = \mu_n F_n; \quad \cdots; \quad F_2 = \mu_3 F_3; \quad F_1 = \mu_2 F_2$$

坯料的断面面积 F_0 和尺寸可根据第一孔型的形状、尺寸和咬入条件，轧辊强度，电机能力来确定。

（3）根据各中间方轧件面积确定中间方轧件边长。

（4）根据中间方边长确定孔型尺寸。

（5）按两方夹一扁的设计方法计算中间扁轧件的形状和尺寸。

（6）根据中间扁轧件形状和尺寸设计孔型的形状和尺寸。

（7）根据各道 1 轧辊和轧件尺寸计算各道轧辊工作直径 D_k。

（8）计算各架轧机连轧常数 $C_i = F_i n_i D_{ki}$。

（9）计算各架轧机间的堆拉钢系数，与设定值进行比较，若相差过大，则通过修改孔型和轧辊直径的方法修正连轧常数，直至满意为止。

（10）画出孔型图和配辊图。

1.9.4 连轧宽展的计算

连轧孔型设计时，精确计算宽展十分重要，根据实践经验，在中小型连轧机的粗轧机上用下式计算能得到满意的结果：

$$\Delta b = 1.15 \frac{\Delta h_c}{H_c + h_c} \left(\sqrt{R_{kc} \Delta h_c} - \frac{\Delta h_c}{2f} \right)$$

式中　　Δh_c——平均压下量；

H_c，h_c——轧件轧前、轧后平均高度；

R_{kc}——用平均高度法确定的轧辊工作半径；

f——轧辊与轧件的接触摩擦系数。

对于中、精轧机采用公式如下：

$$\Delta b / b = \alpha \frac{L_c}{B_0 + 0.5 H_0} \frac{F_H}{F_0}$$

式中　　　　L_c——平均接触弧长；

F_H——压下面积；

H_0，B_0，F_0——坯料高度、宽度、断面面积；

α——实验系数，取决于孔型形状，见表 1-19。

表 1-19　α 实验系数表

孔型形状	方→椭	圆→椭	方→菱	椭→方	椭→圆	菱→方	菱→菱	椭→椭
α 值	0.92	0.97	0.83	1.06	0.83	0.83	0.95	0.95

应该指出的是，线材连轧机的精轧机组对连轧常数非常敏感，宽展计算误差大于5%对连轧关系都有关键性影响。因此，在确定精轧宽展公式时，一定要用相应条件下的实际红坯尺寸校核，并用修正系数进行修正。

1.9.5　几个标准孔型红坯断面面积的计算公式

1.9.5.1　对角方孔红坯断面面积的计算

如图1-69所示，若孔型正常充满，轧件为标准圆角方断面时：

$$F = a^2 - (4r^2 - \pi r^2) = a^2 - 0.86r^2$$

如轧件不能充满孔型面积用下式近似计算：

$$F = a^2 - 0.43r^2 - (B_1 - b)^2/2$$

式中　B_1——见图1-69（b）中，$B_1 = 1.42a$；
　　　b——轧件宽度。

1.9.5.2　圆角菱形轧件断面面积计算

圆角菱形轧件断面面积计算如图1-70所示。

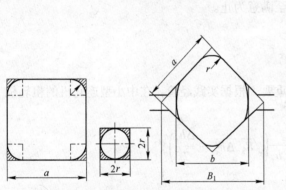

图1-69　对角方孔红坯断面面积计算图
（a）标准圆角方断面；（b）轧件不充满孔型时

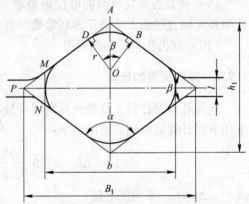

图1-70　圆角菱形轧件面积计算图

$$\beta = 2\arctan \frac{h_1}{B_1}$$

四边形的 $ABOD$ 的面积　　　$F_a = r^2 \tan \frac{\beta}{2}$

扇形面积 BOD　　　$F_b = \pi r^2 \frac{\beta}{360}$

弧形三角面积　　　$F_c = F_a - F_b = r^2 \left(\tan \frac{\beta}{2} - \frac{\pi \beta}{360} \right)$

如果用弧度表示角度 β，则上式写为：

$$F_c = r^2 \left(\tan \frac{\beta}{2} - \frac{\beta}{2} \right)$$

如果轧件宽度为 b，则三角形 MNP 的面积为：

$$F_d = \frac{1}{4}(B_1 - b)^2 \tan\frac{\beta}{2}$$

去掉 4 个尖角后轧件的面积近似为：

$$F = 0.5h_1B_1 - 2r^2\left(\tan\frac{\beta}{2} - \frac{\beta}{2}\right) - 0.5(B_1 - b)^2\tan\frac{\beta}{2}$$

1.9.5.3 椭圆形轧件面积计算

如图 1-71 所示，当轧件不充满孔型时 $m_1 > s$，m_1 值可用下式计算：

$$m_1 = h - (2R - \sqrt{4R^2 - b^2})$$

椭圆孔轧件面积可以看成两个弓形面积和一个矩形面积之和。

弓形中心角 β 为 $$\beta/2 = \arcsin\frac{b}{2R}$$

弓形面积 $$2F_R = R^2\beta - 0.5b\sqrt{4R^2 - b^2}$$

椭圆面积 $$F = 2F_R + m_1b = \beta R^2 - 0.5b\sqrt{4R^2 - b^2} + m_1b$$

近似计算 $$F = \frac{bh}{3}\left(\frac{m_1}{h} + 2\right)$$

1.9.5.4 六角形和箱形孔轧件面积计算

如图 1-72 所示，六角形轧件面积与箱形孔轧件面积计算方法相同。可从矩形面积 $F_j = bh$ 中减掉 4 个阴影部分的三角形面积 F_s 和 4 个圆角 r 处的面积 F_R。

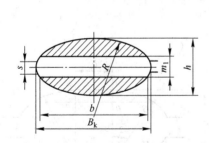

图 1-71 椭圆轧件面积计算图

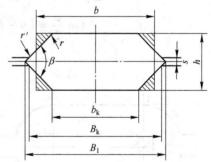

图 1-72 六角形轧件面积计算图

$$4F_s = 0.5(b - b_k)^2\tan\frac{\beta}{2}$$

$$4F_R = 4r^2\left(\tan\frac{\beta}{4} - \frac{\beta}{4}\right)$$

六角形（箱形）轧件面积为：

$$F = F_j - 4F_s - 4F_R = bh - 0.5(b - b_k)^2\tan\frac{\beta}{2} - 4r^2\left(\tan\frac{\beta}{4} - \frac{\beta}{4}\right)$$

1.9.5.5 圆形孔中轧件面积计算

圆孔型中轧件高为 h，宽为 b 时，轧件面积为：

$$F = \pi h b / 4$$

1.9.5.6　平铺孔中轧件面积计算

平椭圆中轧件面积计算分两种情况：

（1）当平椭圆孔的 $R = 0.5h$ 时，如图 1-73 所示，平铺轧件面积为矩形 $AEFG$ 面积（F_j），加上弓形面积 ACE 的两倍（$2F_a$），减去弓形面积 BCD 的二倍（$2F_b$）。

$$F_j = b_k h$$

$$2F_a = \pi R^2$$

$$\alpha/2 = \arctan \frac{\sqrt{4R^2 - (b - b_k)^2}}{b - b_k}$$

$$2F_b = R^2 \alpha - 0.5(b - b_k)^2 \tan \frac{\alpha}{2}$$

轧件面积 　　　$F = b_k h + \pi R^2 - \left[R^2 \alpha - 0.5(b - b_k)^2 \tan \frac{\alpha}{2} \right]$

（2）当平椭孔的 $R = h$ 时，如图 1-74 所示，轧件面积可以由矩形面积 $ADEF$（F_a），矩形面积 $BCHG$ 的二倍（$2F_b$）和四个弧形三角形 GAB（$4F_g$）组成。

$$F_a = b h_k$$

$$AB = R - \sqrt{R^2 - \left[(b - b_k)/2 \right]^2}$$

$$GH = 2\sqrt{R^2 - \left[(b - b_k)/2 \right]^2} - R$$

则　　　$2F_b = (b - b_k)\left(\sqrt{4R^2 - (b - b_k)^2} - R \right)$

$$\tan \frac{\varphi}{2} = (b - b_k) / \sqrt{4R^2 - (b - b_k)^2}$$

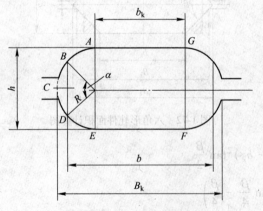

图 1-73　$R = 0.5h$ 的平椭孔

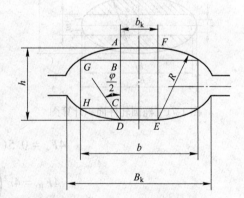

图 1-74　$R = h$ 的平椭孔轧件面积计算图

所以　　　$4F_g = R^2 \varphi - 0.5(b - b_k) \sqrt{4R^2 - (b - b_k)^2}$

最后得出轧件面积为：

$$F = h b_k + R^2 \varphi - R(b - b_k) + 0.5(b - b_k) \sqrt{4R^2 - (b - b_k)^2}$$

1.9.5.7 双圆弧椭孔轧件面积计算

如图 1-75 所示，已知轧件高度为 h，轧件宽度为 b，按下列方法构成双弧椭孔。

令孔型高度 $h_k = h$，则槽口宽度为：

$$B_k = b/\delta$$

式中　δ——充满度。

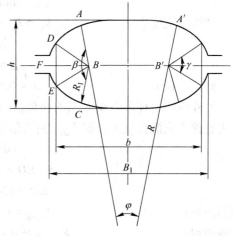

小圆弧半径 $R_1 = (0.41 \sim 0.47) h_k$，大圆弧半径通过计算求出。大圆弧半径必须通过孔型顶点且与两个半径为 R_1 的圆弧相切，解下列方程得到：

$$(R - R_1)^2 = (B_1/2 - R_1)^2 + (R - h_k/2)^2$$

式中　B_1——小圆弧半径 R_1 与轴线交点之距离。

图 1-75　双圆弧椭圆轧件面积计算图

化简上式得：

$$R = [(B_1^2 + h_k^2)/4 - B_1 R_1]/(h_k - 2R_1)$$

由于

$$(B_1 - B_k)/2 = R_1 - \sqrt{R_1^2 - (s/2)^2}$$

所以

$$B_1 = B_k + 2R_1 - \sqrt{4R_1^2 - s^2}$$

整理上式，则可求得大圆弧半径 R。

双圆弧椭孔轧件面积按下式计算：

令 R_1 的圆心在轴线上，F_a 表示 $AA'B'B$ 面积，F_b 表示扇形面积 $ABCF$，F_d 表示弓形面积 DFE。

由于

$$\frac{\varphi}{2} = \arctan\left[(B_1 - 2R_1)\Big/\left(R - \frac{h_k}{2}\right)/2\right]$$

所以

$$F_a = 0.5\varphi R^2 - 0.5(B_1 - 2R_1)\left(R - \frac{h}{2}\right)$$

$$\beta = \pi - \varphi$$

$$\gamma/2 = \arctan\sqrt{(4R_1 + b - B_1)(B_1 - b)}/(b - B_1 + 2R_1)$$

$$F_b = 0.5\beta R_1^2$$

$$F_d = 0.5\gamma R_1^2 - \frac{1}{4}(b - B_1 + 2R_1)\sqrt{(4R_1 + b - B_1)(B_1 - b)}$$

所以，轧件面积为：

$$F = 2F_a + 2F_b - 2F_d$$

$$= R^2\varphi - (B_1 - 2R_1)\left(R - \frac{h}{2}\right) + R_1^2\beta - R_1^2\gamma + \frac{1}{2}$$

$$= (b - B_1 + 2R_1)\sqrt{(4R_1 + b - B_1)(B_1 - b)}$$

1.9.5.8 切线立椭孔轧件面积计算

如图 1-76 所示，切线立椭孔高度：　$H_k = h$

槽口宽度：
$$B_k = b/\delta$$

侧壁斜度为 $\tan\alpha$，一般取侧壁斜度为 0.32，即
$$\tan\alpha = 0.32$$

则槽底宽度：
$$b_k = B_k - 0.32(h_k - s)$$
$$\alpha \approx 18°$$
$$\beta = \pi/2 - \alpha$$

圆弧半径 R：
$$R = 0.5b_k/\tan(\beta/2)$$

轧件面积由梯形面积 F_{cdef} 的两倍，加上弓形面积 F_{cod} 的两倍，加上辊缝面积 F_s，再减去轧件未充满孔型的面积 $F_{gff'g'}$ 的两倍组成。

$$cd = 2R\sin\beta$$
$$KO = R(1 - \cos\beta)$$
$$KQ = (h_k - s)/2 - KO$$

梯形面积：
$$F_{cdef} = 0.5(cd + B_k)KQ$$

弓形面积：
$$F_{cod} = R^2\beta - 0.5 \times cd \times R\cos\beta$$

辊缝面积：
$$F_s = s \times B_k$$

未充满轧件面积：
$$F_{gff'g'} = \frac{1}{2}\left(2s + \frac{B_k - b}{\tan\alpha}\right)(B_k - b)$$

轧件总面积
$$F = 2F_{cdef} + 2F_{cod} + F_s - F_{gff'g'}$$

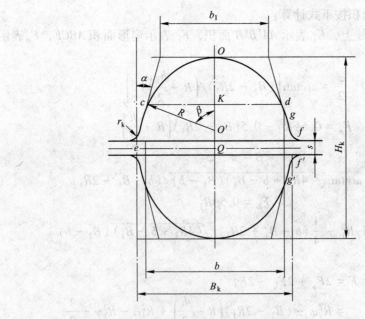

图 1-76　切线立椭孔

1.9.6　连轧机孔型设计实例

某厂复二重式线材轧机，粗轧机 $\phi420\text{mm} \times 5$ 连轧机一组，第一组中轧机 $\phi370\text{mm} \times 2$，

第二组中轧机 $\phi300mm\times6$，精轧机 $\phi270mm\times8$。轧机布置形式如图 1-77 所示。轧机技术参数见表1-20。

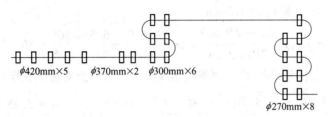

$\phi420mm\times5$　$\phi370mm\times2$　$\phi300mm\times6$

$\phi270mm\times8$

图 1-77　复二重式线材轧机布置图

表 1-20　轧机技术参数表

道次	辊径 /mm	轧辊转速 /r·min⁻¹	辊材质	辊速比 n_i/n_{i-1}	主电机		轧制温度 /℃
					功率/kW	转速 n/r·min⁻¹	
1	420	23.239	球磨半冷硬铸铁		500	495	1070
2		29.88		1.286			1060
3		44.528		1.49	1000	493	1050
4		61.291		1.376			1035
5		81.402		1.328			1020
6	370	20.03	球磨半冷硬铸铁		630	491	960
7		28.065		1.401			955
8	300	51.15	冷硬铸铁	1.822	1250	750	950
9		67.43		1.318			945
10		91.48		1.357			940
11		122.44		1.338			935
12		163.56		1.336			930
13		220.15		1.346			925
14	270	288.03	冷硬铸铁	1.308	1600	750	910
15		378.02		1.312			905
16		455.671		1.205			905
17		588.88		1.292			910
18		685.18		1.164			920
19		832.04		1.214			930
20		926.5		1.114			940
21		1072.81		1.158			950

坯料尺寸为 $90mm\times90mm\times2000mm$，成品尺寸为 $\phi6.5^{\pm0.4}mm$ 线材。孔型设计步骤如下。

1.9.6.1　成品孔孔型设计

成品孔基圆半径　　　　　　$R = d/2 = 3.25mm$

槽口宽度 $B_k = [d + (0.5 \sim 1.0)\Delta_+](1.007 \sim 1.02) = [6.5 + (0.2 \sim 0.4)](1.007 \sim 1.02) = 6.9\text{mm}$

令扩张角 $\theta = 30°$，辊缝 $s = 1.5\text{mm}$，

则
$$\rho = \arctan\frac{B_k - 2R\cos\theta}{2R\sin\theta - s} = \arctan\frac{6.9 - 6.5\cos30°}{6.5\sin30° - 1.5} = 36.78°$$

因 $\rho > \theta$，求不出扩张半径 R'，两侧用切线扩张，求切点对应的扩张角 θ'：

$$\cos\theta' = \frac{4RB_k \pm \sqrt{(4RB_k)^2 - 4(s^2 + B_k^2)(4R - s^2)}}{2(s^2 + B_k^2)} = \frac{4 \times 3.25 \times 6.9}{2(1.5^2 + 6.9^2)} \pm$$

$$\frac{\sqrt{(4 \times 3.25 \times 6.9)^2 - 4(1.5^2 + 6.9^2)(4 \times 3.25^2 - 1.5^2)}}{2(1.5^2 + 6.9^2)} = 0.8165$$

$$\theta' = 35.26°$$

连轧常数计算时轧辊用最大辊径计算。

轧件断面积 　　　　　　 $F_{21} = \pi R^2 = 33.2\text{mm}^2$

轧件平均高度 　　　　　 $h_{c21} = F_{21}/b_{21} = 33.2/6.5 = 5.1\text{mm}$

轧辊平均工作直径 　 $D_{kc21} = D + s - h_c = 285 + 1.5 - 5.1 = 281.4\text{mm}$

连轧常数 　　　　 $C_{21} = F_{21}n_{21}D_{kc21} = 33.2 \times 1072.81 \times 281.4 = 10022705.97$

1.9.6.2　确定孔型系统

粗轧 5 道采用箱—平椭—立椭—椭圆方孔型系统，中精轧采用椭—方系统。

1.9.6.3　确定中间方孔尺寸并构成孔型

计算复二重轧机各道延伸系数：

$$\mu_7 = \frac{i_7}{\varphi_7}\frac{D_7}{D_6} = \frac{1.401}{1.02} = 1.3735$$

$$\mu_8 = \frac{i_8}{\varphi_8}\frac{D_8}{D_7} = \frac{1.822}{1.01} \cdot \frac{305}{390} = 1.41$$

$$\vdots$$

$$\mu_{18} = \frac{i_{18}}{\varphi_{18}} = \frac{1.164}{0.985} = 1.18$$

$$\mu_{19} = \frac{1.214}{1.01} = 1.202$$

$$\mu_{20} = \frac{1.114}{0.995} = 1.119$$

$$\mu_{21} = \frac{1.158}{1.005} = 1.152$$

逆轧制道次计算方轧件断面面积：

$$F_{19} = F_{21}\mu_{21}\mu_{20} = 33.2 \times 1.152 \times 1.119 = 42.79\text{mm}^2$$

$$F_{17} = F_{19}\mu_{19}\mu_{18} = 42.79 \times 1.202 \times 1.18 = 60.7\text{mm}^2$$

其他方轧件面积见表1-22。

计算方孔边长：

令中轧机方孔内圆弧半径 $R=s+1$，精轧机 $R=s+0.5$，

$$a_{19} = \sqrt{F_{19} + 0.86R_{19}^2} = \sqrt{42.79 + 0.86 \times 2^2} = 6.8\text{mm}$$

$$a_{17} = \sqrt{F_{17} + 0.86R_{17}^2} = \sqrt{60.7 + 0.86 \times 2.1^2} = 8.0\text{mm}$$

其他方孔边长见表1-22。

方孔高：$H_{k19} = 1.41a_{19} - 0.83R_{19} = 1.41 \times 6.8 - 0.83 \times 2 = 7.93\text{mm}$

$$H_{k17} = 1.41a_{17} - 0.83R_{17} = 1.41 \times 8 - 0.83 \times 2.1 = 9.54\text{mm}$$

槽口宽：$B_{k19} = 1.42a_{19} - s_{19} = 1.42 \times 6.8 - 1.5 = 8.2\text{mm}$

$$B_{k17} = 1.42a_{17} - s_{17} = 1.42 \times 8 - 1.6 = 9.8\text{mm}$$

其他尺寸见表1-22。

1.9.6.4 粗轧机孔型设计

根据坯料尺寸 $a_0 = 90\text{mm}$，$R_0 = 12\text{mm}$ 和 $a_5 = 43\text{mm}$，$R_5 = 10\text{mm}$ 进行1~4道孔型设计。

A 计算各道连轧常数

$$F_5 = a_5^2 - 0.86R_5^2 = 43^2 - 0.86 \times 10^2 = 1763\text{mm}^2$$

$$h_{c5} = F_5/b_5 = 1763/(1.42 \times 43 - 0.83 \times 10) = 33.42\text{mm}$$

$$D_{kc5} = D_5 + s_5 - h_{c5} = 440 + 8 - 33.42 = 414.58\text{mm}$$

$$C_5 = F_5 n_5 D_{kc5} = 1763 \times 81.402 \times 414.58 = 59497091\text{mm}$$

粗轧采用拉钢轧制，各道拉钢系数为 $\varphi_5 = 1.010$，$\varphi_4 = 1.015$，$\varphi_3 = 1.02$，$\varphi_3 = 1.02$，各道连轧常数为：

$$C_4 = C_5/\varphi_5 = 59497091/1.010 = 58908011$$

$$C_3 = C_4/\varphi_4 = 58037449$$

$$C_2 = C_3/\varphi_3 = 56899459$$

$$C_1 = C_2/\varphi_2 = 55783784$$

B 第一箱形孔孔型设计

用分配压下量法设计此孔。

$$\Delta h_{max} = D_k(1 - \cos\alpha) = 350(1 - \cos23°) = 28\text{mm}$$

$$\Delta h_c = 0.8 \times \Delta h_{max} = 22\text{mm}$$

在 Δh_{max} 和 Δh_c 之间取第一道压下量，$\Delta h_{c1} = 23\text{mm}$

则 $h_{c1} = H - \Delta h_{c1} = 90 - 23 = 67\text{mm}$

摩擦系数 $f = 0.8(1.05 - 0.0005T) = 0.8(1.05 - 0.005 \times 1070) = 0.412$

$$D_{kc1} = D_1 + s_1 - h_{c1} = 440 + 12 - 67 = 385\text{mm}$$

轧件轧前平均高度 $H_{c0} = F_0/B_0 = (90^2 - 0.86 \times 12^2)/90 = 88.6\text{mm}$

宽展计算：

$$\Delta b_1 = 1.15\frac{\Delta h_{c1}}{H_{c0}+h_{c1}}\left(\sqrt{R_{kc1}\Delta h_{c1}}-\frac{\Delta h_{c1}}{2f}\right) = 1.15 \times \frac{23}{88.6+67}\left(\sqrt{\frac{385}{2} \times 23}-\frac{23}{2\times0.412}\right) = 6.57\text{mm}$$

轧件宽度 $b_1 = B_0 + \Delta b_1 = 90 + 6.57 = 96.57\text{mm}$

根据轧件尺寸 h_1、b_1 构成箱形孔型：

槽底尺寸　　　　　　　　$b_{k1} = B_0 - (0 \sim 6)\text{mm} = 90 - 4 = 86\text{mm}$

槽口尺寸　　　　　　　　$B_{k1} = b_1 + (5 \sim 12)\text{mm} = 96.57 + 8.43 = 105\text{mm}$

内圆弧半径　　　　　　　　　　$R_1 = 20\text{mm}$

外圆弧半径　　　　　　　　　　$r = 10\text{mm}$

计算轧件面积：

$$\tan(\beta/2) = (h_1 - s_1)/(B_{k1} - b_{k1}) = (67 - 12)/(105 - 86) = 2.8947$$

则　　　　　　　　　　　　　　$\beta/2 = 71°$

轧件面积：$F_1 = b_1 h_1 - 0.5(b_1 - b_{k1})^2 \tan(\beta/2) - 4R_1^2[\tan(\beta/4) - \beta/4]$

$$= 96.57 \times 67 - 0.5(96.57 - 86)^2 \times \tan71° - 4 \times 20^2$$

$$(\tan35.5° - 35.5° \times 3.14/180°) = 6159\text{mm}^2$$

轧件平均高度　　　　　$h_{c1}^{(1)} = F_1/b_1 = 6159/96.57 = 63.77\text{mm}$

则　　　　　　　$D_{kc1}^{(1)} = D_1 + s_1 - h_{c1}^{(1)} = 440 + 12 - 63.77 = 388.23\text{mm}$

$D_{kc1}^{(1)}$ 与 D_{kc1} 相比，若 $D_{kc1}^{(1)} \neq D_{kc1}$，则用 $D_{kc1}^{(1)}$ 代替 D_{kc1} 从宽展计算开始重算。若 $D_{kc1}^{(1)} = D_{kc1}$，则计算结果有效，计算结束。

因上面计算 $D_{kc1}^{(1)} \neq D_{kc1}$，需重算如下：

$$\Delta h_{c1}^{(1)} = H_{c0} - h_{c1}^{(1)} = 88.6 - 63.77 = 24.8\text{mm}$$

$$\Delta b_1^{(1)} = 1.15 \times \frac{24.8}{88.6 + 63.77}\left(\sqrt{0.5 \times 388.23 \times 24.8} - \frac{24.8}{2 \times 0.412}\right) = 7.35\text{mm}$$

$$b_1^{(1)} = 90 + 7.35 = 97.4\text{mm}$$

计算轧件面积：$F_1^{(1)} = 97.4 \times 67 - 0.5(97.4 - 86)^2 \times \tan71° - 4 \times 20^2(\tan35.5° -$

$35.5° \times 3.14/180°) = 6187.8\text{mm}^2$

再算 $h_{c1}^{(1)}$ 和 $D_{kc1}^{(1)}$，为了区分，设为 $h_{c1}^{(2)}$ 和 $D_{kc1}^{(2)}$，则：

$$h_{c1}^{(2)} = 6187.8/97.4 = 63.53\text{mm}$$

$$D_{kc1}^{(2)} = 440 + 12 - 63.53 = 388.47\text{mm}$$

由于 $D_{kc1}^{(2)} \approx D_{kc1}^{(1)}$，所以计算结束，带有标记（1）的数据有效，如要求精度高，可在重算一遍。

计算连轧常数：$C_1^{(1)} = F_1 n_1 D_{kc1} = 6187.8 \times 23.239 \times 388.47 = 55861319.5$

$C_1^{(1)}$ 与设定连轧常数 C_1 比较：$C_1/C_1^{(1)} = 55783784/55861319.5 = 0.9986$，相差很小，上述计算有效，如果 C_1、$C_1^{(1)}$ 相差较大，则应重新设定压下量 Δh_1，再重复上述过程，直到满意为止。

C　第 2、3、4 孔计算

第 2、3 孔计算过程同上，计算结果见表 1-21。第 4 孔计算过程与中精轧椭孔计算过程相同，计算结果见表 1-22。

1.9.6.5　中精轧机椭孔孔型设计

由第 5 孔轧件边长 a_5，第 7 孔轧件边长 a_7，进行第 6 孔椭孔孔型设计，设计方法如下。

表 1-21　线材轧机孔型设计参数

道次	孔型形状	轧件尺寸		轧件断面积 /mm²	孔型基本尺寸/mm							轧辊直径		轧辊转速	拉钢系数
		高度 H /mm	宽度 B /mm		方边长 A	槽口宽 B_k	槽底宽 b_k	孔型高 H_k	圆弧半径 R	r	辊缝 s	D /mm	D_k /mm	n /r·min⁻¹	C_1/C_0
0	方坯	0.0	0.00	7976.2	90	0.00	0.00	0.00	12.0	0	0.0	0	0.00	0.000	0.000
1	箱孔	67.5	97.49	6187.1	0.0	104.9	86.00	67.5	20.0	10	12.0	440	388.54	23.239	1.000
2	平椭	47.1	108.45	4655.2	0.0	116.60	52.80	47.10	47.1	8	10.0	440	407.07	29.880	1.014
3	立椭	73.2	60.56	3290.2	72.7	63.10	12.00	73.2	63.1	6	8.0	440	393.67	44.528	1.019
4	椭圆	33.0	91.42	2264.0	0	93.60	0.00	33.00	94.0	5	8.0	440	423.23	61.291	1.018
5	方孔	52.3	51.01	1745.1	43	53.1	0.00	52.30	10.0	6	8.0	445	418.67	81.402	1.013
6	椭孔	29.0	56.35	1270.4	0.0	59.3	0.00	29.00	44.0	4	6.0	390	373.45	20.030	1.000
7	方孔	38.2	38.78	934.7	31.2	39	0.00	38.2	7.0	3	5.6	390	371.50	28.065	1.026
8	椭孔	21.0	39.76	656.1	0.0	41.9	0.00	21.00	31.4	3	5.0	305	293.50	51.150	1.011
9	方孔	27.4	26.93	500.4	23.2	28.2	0.00	27.40	6.4	3	5.0	308	294.83	67.430	1.010
10	椭孔	14.5	30.88	359.7	0.0	32.50	0.00	14.50	29.2	3	4.6	305	297.95	91.480	0.986
11	方孔	20.8	19.90	274.8	17.1	20.5	0.00	20.8	4.0	2	4.0	305	295.19	122.440	1.013
12	椭孔	9.8	24.36	200.6	0.0	25.60	0.00	9.80	32.3	3	4.5	305	301.26	163.560	0.995
13	方孔	15.6	15.10	154.7	12.8	15.30	0.00	15.60	3	2	3.0	305	297.75	220.150	1.026
14	椭孔	7.4	20.39	122.8	0.0	22.2	0.00	7.40	25.8	1	2.4	285	281.38	288.030	0.982
15	方孔	12.6	11.39	94.3	10.0	12.50	0.00	12.60	1.8	1	1.8	288	281.89	378.020	1.010
16	椭孔	6.0	15.83	77.6	0.0	17.20	0.00	6.00	19.5	1	2.0	285	282.10	455.671	0.992
17	方孔	10.0	9.38	60.8	8.0	9.9	0.00	10.00	1.6	1	1.6	285	280.12	588.880	1.005
18	椭孔	5.1	12.44	51.6	0.0	13.50	0.00	5.10	13.9	1	1.6	285	282.46	685.180	0.996
19	方孔	8.2	7.63	42.0	6.7	8.1	0.00	8.20	1.5	1	1.5	290	286.35	832.040	1.010
20	椭孔	4.9	9.63	38.4	0.0	10.5	0.00	4.90	8.9	1	1.5	285	282.51	926.500	0.997
21	圆孔	6.5	6.49	33.2	6.5	6.90	0.00	6.50	36.0	0	1.5	289	285.48	1072.810	1.010

表 1-22　各孔型计算结果

道次	孔型形状	轧件尺寸		轧件断面积 /mm²	孔型基本尺寸/mm							轧辊直径		轧辊转速	拉钢系数
		高度 H /mm	宽度 B /mm		方边长 A	槽口宽 B_k	槽底宽 b_k	孔型高 H_k	圆弧半径 R	r	辊缝 s	D /mm	D_k /mm	n /r·min⁻¹	C_1/C_0
0	方坯	0.0	0.00	7976.2	90.0	0.00	0.00	0.00	12.0	0	0.0	0	0.00	0.000	0.000
1	箱孔	67.5	97.49	6187.1	0.0	104.9	86.00	67.5	20.0	10	12.0	440	388.54	23.239	1.000
2	平椭	47.1	108.45	4655.2	0.0	116.60	52.80	47.10	47.1	8	10.0	440	407.07	29.880	1.014
3	立椭	73.2	60.56	3290.2	72.7	63.10	12.00	73.2	63.1	6	8.0	440	393.67	44.528	1.019
4	椭圆	33.0	91.42	2264.0	0.0	93.60	0.00	33.0	94.0	5	8.0	440	423.23	61.291	1.018
5	方孔	52.3	51.01	1745.1	43.0	53.1	0.00	52.30	10.0	6	8.0	445	418.67	81.402	1.013
6	椭孔	29.0	56.35	1270.4	0.0	59.30	0.00	29.00	44.0	4	6.0	390	373.45	20.030	1.000
7	方孔	38.2	38.78	934.7	31.2	39	0.00	38.2	7.0	3	5.6	390	371.50	28.065	1.026

道次	孔型形状	轧件尺寸		轧件断面积 /mm²	孔型基本尺寸/mm							轧辊直径		轧辊转速	拉钢系数
		高度 H /mm	宽度 B /mm		方边长 A	槽口宽 B_k	槽底宽 b_k	孔型高 H_k	圆弧半径 R	r	辊缝 s	D /mm	D_k /mm	n /r·min⁻¹	C_1/C_0
8	椭孔	21.0	39.76	656.1	0.0	41.9	0.00	21.00	31.4	3	5.0	305	293.50	51.150	1.011
9	方孔	27.4	26.93	500.4	23.2	28.2	0.00	27.40	6.4	3	5.0	308	294.83	67.430	1.010
10	椭孔	14.5	30.88	359.7	0.0	32.50	0.00	14.50	29.2	3	4.6	305	297.95	91.480	0.986
11	方孔	20.8	19.90	274.8	17.1	20.5	0.00	20.8	4.0	2	4.0	305	295.19	122.440	1.013
12	椭孔	9.8	24.36	200.6	0.0	25.60	0.00	9.80	32.3	3	4.5	305	301.26	163.560	0.995
13	方孔	15.6	15.10	154.7	12.8	15.30	0.00	15.6	3.0	2	3.0	305	297.75	220.150	1.026
14	椭孔	7.4	20.39	122.8	0.0	22.2	0.00	7.40	25.8	1	2.4	285	281.38	288.030	0.982
15	方孔	12.6	11.39	94.3	10.0	12.50	0.00	12.60	1.8	1	1.8	288	281.89	378.020	1.010
16	椭孔	6.0	15.83	77.6	0.0	17.20	0.00	6.00	19.5	1	2.0	285	282.10	455.671	0.992
17	方孔	10.0	9.38	60.8	8.0	9.9	0.00	10.0	1.6	1	1.6	285	280.12	588.880	1.005
18	椭孔	5.1	12.44	51.6	0.0	13.50	0.00	5.10	13.9	1	1.6	285	282.46	685.180	0.996
19	方孔	8.2	7.63	42.0	6.7	8.1	0.00	8.20	1.5	1	1.5	290	286.35	832.040	1.010
20	椭孔	4.9	9.63	38.4	0.0	10.5	0.00	4.90	8.9	1	1.5	185	282.51	926.500	0.997
21	圆孔	6.5	6.49	33.2	6.5	6.90	0.00	6.50	36.0	0	1.5	289	285.48	1072.810	1.010

（1）设椭孔轧件高度。

$$h_6 = a_7 - (2 \sim 6) = 31.2 - (2 \sim 6) = 29 \text{mm}$$

$$h_{c6} = 0.74/h_6 = 21.50 \text{mm}$$

$$D_{kc6} = D_6 + s_6 - h_{c6} = 390 + 6 - 21.50 = 374.44 \text{mm}$$

（2）用乌萨托夫斯基公式计算轧件高度。

$$W = 10^{-3.457 \times \delta_c \times \varepsilon_c^{0.556}}$$

$$\beta = \eta^{-W}$$

如果 $\eta < 0.5$，则 $W = 10^{-3.457 \times \delta_c \times \varepsilon_c^{0.968}}$

第 6 孔来料宽度 $B_0 = a_5 = 43 \text{mm}$

$$H_{c0} = F_5/B_0 = 1745.1/43 = 40.6$$

$$\delta_{c6} = B_0/H_{c0} = 43/40.6 = 1.059$$

$$\varepsilon_{c6} = H_{c0}/D_{kc6} = 40.6/374.44 = 0.10856$$

$$\eta_6 = h_{c6}/H_{c0} = 21.5/40.6 = 0.53038$$

$$W_6 = 10^{-1.269 \times 1.059 \times 0.10856^{0.556}} = 0.4068$$

$$\beta_6 = 0.53038^{-0.4068} = 1.2943$$

轧制速度 $v_6 = \pi n_6 D_{kc6}/60/1000 = 3.14 \times 20.03 \times 374.44/60/1000 = 0.3925 \text{m/s}$

$$k_2 = (0.00341\eta_6 - 0.002958)v_6 + (1.07168 - 0.10431\eta_6) = 1.015$$

$$b_6 = k_2\beta_6 B_0 = 1.016 \times 1.2943 \times 43 = 56.55 \text{mm}$$

（3）计算椭孔孔型尺寸。

$$H_{k6} = h_6 = 29 \text{mm}$$

$$B_{k6} = b_6/0.95 = 56.55/0.95 = 59.5\text{mm}$$

$$R_6 = \frac{B_{k6}^2 + (H_{k6} - s_6)^2}{4(H_{k6} - s_6)} = \frac{59.5^2 + (29 - 6)^2}{4(29 - 6)} = 44.23\text{mm}$$

$$r_6 = 4\text{mm}$$

（4）计算椭孔轧件面积。

$$m_1 = H_{k6} - (2R_6 - \sqrt{4R_6^2 - b_6^2}) = 29 - (2 \times 44.23 - \sqrt{4 \times 44.23^2 - 56.55^2}) = 8.564\text{mm}$$

$$\varphi/2 = \arcsin[b_6/(2R_6)] = \arcsin[56.55/(2 \times 44.23)] = 39.74°$$

$$F_6 = R_6^2\varphi - 0.5b_6\sqrt{4R_6^2 - b_6^2} + m_1 b_6$$

$$= 44.23^2 \times 39.74 \times 2 \times \frac{3.14}{180} - 0.5 \times 56.55 \times \sqrt{4 \times 44.23^2 - 56.55^2} + 8.564 \times$$

$$56.55 = 1273.3\text{mm}^2$$

（5）计算 h_{c6} 和 D_{kc6}。

$$h_{c6}^{(1)} = F_6/b_6 = 1273.3/56.55 = 22.516\text{mm}$$

$$D_{kc6}^{(1)} = D_6 + s_6 - h_{c6}^{(1)} = 373.48\text{mm}$$

（6）比较 $D_{kc6}^{(1)}$ 与 D_{kc6}。由于 $D_{kc6}^{(1)} \neq D_{kc6}$，用 $D_{kc6}^{(1)}$ 代替 D_{kc6}，$h_{c6}^{(1)}$ 代替 h_{c6}，从步骤（2）开始按上述计算过程重算。

（7）重算结果：

$$b_6^{(1)} = 56.35\text{mm}$$

构成孔型：

$$H_{k6}^{(1)} = 29\text{mm}$$

$$B_{k6}^{(1)} = 56.35/0.95 = 59.3\text{mm}$$

$$R_6^{(1)} = \frac{59.3^2 + (29 - 6)^2}{4(29 - 6)} = 44\text{mm}$$

轧件面积：

$$F_6^{(1)} = 1270.4\text{mm}^2$$

再算 h_{c6} 和 D_{kc6}：

$$h_{c6}^{(2)} = 1270.4/56.35 = 22.54\text{mm}$$

$$D_{kc6}^{(2)} = 373.44\text{mm}$$

比较 $D_{kc6}^{(2)}$ 与 $D_{kc6}^{(1)}$，由于 $D_{kc6}^{(2)} \approx D_{kc6}^{(1)}$，计算结果有效，继续向下进行计算。

（8）计算椭圆轧件进方孔时的充满程度。第 7 孔（方孔）轧前宽度 $B_0 = h_6 = 29\text{mm}$，轧前轧件平均高度为 H_{c0}，$H_{c0} = F_6^{(1)}/B_0 = 43.8\text{mm}$，轧辊平均工作直径 $D_{kc7} = D_7 + s_7 - h_{c7} = 371.5\text{mm}$。

计算椭圆轧件在方孔中的轧后宽度，仍采用乌萨托夫斯基公式计算。

$$\delta_{c7} = B_0/H_{c0} = 29/43.8 = 0.662$$

$$\varepsilon_{c7} = H_{c0}/D_{kc7} = 43.8/371.5 = 0.1179$$

$$\eta_7 = h_{c7}/H_{c0} = 24.1/43.8 = 0.5503$$

$$W = 10^{-1.269 \times 0.662 \times 0.1179^{0.556}} = 10^{-0.2559} = 0.55475$$

$$\beta_7 = 0.5503 - 0.55475 = 1.393$$

$$b_7 = k_1\beta_7 B_0 = 0.96 \times 1.393 \times 29 = 38.78\text{mm}$$

式中　k_1——轧制条件影响系数。

方孔充满程度 $\delta = b_7/B_{k7} = 38.78/39 = 0.99$，充满良好，第 6 孔设计正确。如果充满度过小或出耳子，则说明第 6 孔设计不合理，需重新调整第 6 孔轧件及孔型尺寸，直至充满良好为止。

（9）计算连轧常数，堆拉钢系数。因第 5 道与第 6 道无连轧关系，只需计算第 6 道到第 7 道之间的连轧关系。

$$C_6 = F_6^{(1)} n_6 D_{kc6} = 1270.4 \times 20.03 \times 373.45 = 9502850$$

$$F_7 = a_7^2 - 0.43 R_7^2 - (1.42 a_7 - b_7)^2/2$$

$$C_7 = F_7 n_7 b_{kc7} = 934.7 \times 28.065 \times 371.5 = 9745320$$

拉钢系数：$\varphi_7 = C_7/C_6 = 1.026$

拉钢系数合适，第 6 孔设计完毕。如果拉钢系数过大或过小，则还应调整孔型或轧辊直径，直至拉钢系数满意为止。

（10）其他椭孔设计

其他椭孔设计过程同上，计算结果见表 1-21。孔型图如图 1-78 所示。

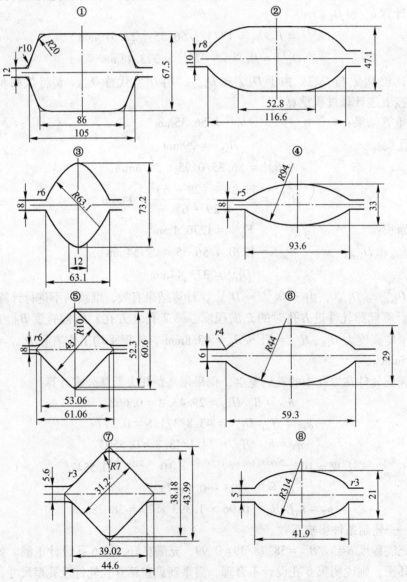

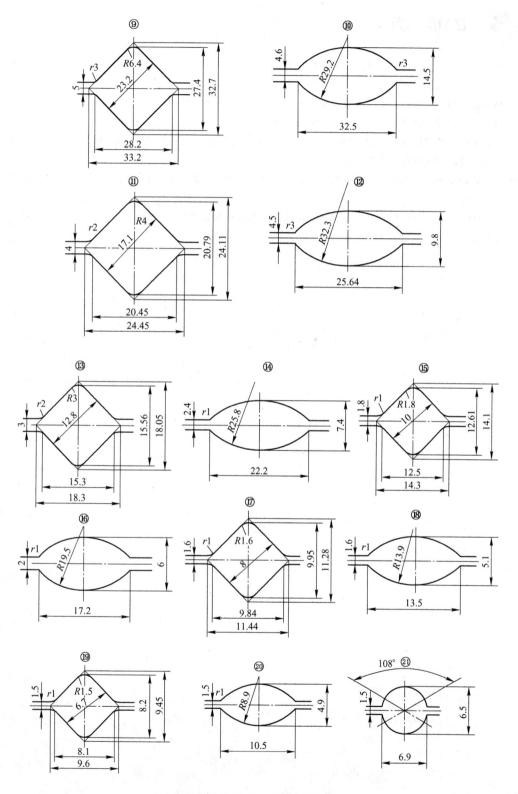

图 1-78　φ6.5mm 线材孔型图

复习思考题

1-1 什么是负公差轧制？使用负公差轧制有什么意义？

1-2 画图表示六角孔型的结构及主要构成尺寸。

1-3 画图表示圆钢成品孔型的构成及主要参数，并说明其各部分的作用。

1-4 导卫装置通常包括哪些装置？其主要作用是什么？

1-5 坯料采用方坯，坯料尺寸为 60mm×60mm，轧制后轧件尺寸为 ϕ24mm 的圆钢。根据要求选择孔型系统并计算，完成设计及孔型图。

1-6 以 76mm×76mm 方坯在 ϕ410mm 轧机上经两个箱—方孔型系统轧制 55mm×57mm 矩形坯，试设计中间矩形孔。

1-7 以 59mm×59mm 方坯在横列式 ϕ300mm 轧机上经两只箱形孔型轧成 46mm×46mm 方坯，试计算各孔型尺寸。

2　螺纹钢生产

2.1　坯料准备

2.1.1　坯料的选择

随着整个钢铁生产工艺的变化和小型轧机水平的提高，小型轧机的坯料也在不断地变化。在连铸技术出现和成熟以前，小型轧机所用的坯料是钢锭经初轧—钢坯连轧机开坯而成的。当时选择坯料的原则是：以产品方案中最小规格的断面面积乘以总延伸系数即为所选择的坯料断面面积。

连铸技术出现后，最早受益的就是小型轧机，直接以连铸坯为原料一次加热轧制成材，取消了初轧开坯，可提高金属收得率8%~12%，节约能耗35%~45%，并可提高产品的表面质量和内在质量，深受钢铁制造厂和钢铁用户的欢迎。因此，小型轧机本身的发展一定要考虑连铸发展，并与连铸密切配合。这样，有了连铸后，小型轧机选择坯料的原则有了根本的变化，不再是只考虑小型轧机本身的合理性，而是要考虑连铸—小型轧机整体的合理性，甚至要将连铸的合理性放在更主要的地位。

从轧钢的观点看连铸坯的断面要尽可能小一些，这样可以减少轧制道次，轧机的架数可以减少，投资和运行费用均可降低。因此，开始出现连铸时，人们希望能为小型轧机提供小断面的连铸坯。经过一段时间的摸索证明，要生产小规格的断面，连铸机不可能正常操作，铸坯质量也没有保证。后来把连铸坯的断面尺寸加大后，对连铸的其他配套技术进行了一系列的改进，小方坯连铸机的生产才稳定下来，真正进入实用阶段。

2.1.2　连铸坯

直接以连铸坯为原料，已是小型棒材轧机可能在市场竞争中存在的必要条件。目前，普通碳素钢和低合金钢小型棒材轧机、大部分合金钢小型棒材轧机都以连铸坯为原料，并且以连铸坯为原料的合金钢钢种和品种还在进一步扩大。以小钢锭为原料或以初轧开坯为原料的小型棒材轧机，由于产品质量和二次加热轧制导致成本上的差距，在市场竞争中正在被逐渐自然淘汰。

合理选择连铸坯断面，对连铸机和小型棒材轧机的投资与操作都有很大的影响。普通小型棒材轧机使用的坯料断面应在(130mm×130mm)~(150mm×150mm)左右，坯料单重1.5~2.0t，甚至达2.5t。单重增加，切头切尾量相对减少，定尺率提高，有利于提高金属的收得率。连铸技术的进步是推动包括小型棒材轧机在内的整个冶金技术发展最主要的动力。高速连铸技术已可成功地以4.3m/min的拉速生产130mm×130mm的连铸坯，即连铸机单流的产量已达33t/h。以连铸机本身而言，无论从质量还是产量角度，都不需要更大断面的铸坯，小型棒材轧机更应充分利用连铸的成果，以减少机架数量和轧制过程的变形功。

　　随着合金钢连铸技术水平的提高,像优质碳素钢、合金结构钢、弹簧钢、奥氏体不锈钢、轴承钢等现在都可以直接进行连铸。合金钢连铸坯向中断面过渡的趋势将加快,更多的合金钢钢种和品种正在采用(160mm×160mm)~(240mm×240mm)的连铸坯,300mm×300mm以上的大方坯的数量在逐渐减少,以减少连铸机和小型棒材轧机的投资,推动小型棒材轧机生产水平的提高。

2.1.3　坯料的热送热装

2.1.3.1　概述

　　传统的工艺是将初轧坯或来自连铸机的坯料冷却下来,经检查若发现有表面缺陷则必须对钢坯进行清理,然后再将钢坯装入轧钢车间加热炉。其结果是金属损失大,耗用人力和能源较多。

　　将连铸坯直接轧制成材是冶金工作者多年的愿望,早在20世纪60年代国外就进行了许多这方面的研究工作,试图把连铸坯直接轧制成材,但因连铸机与轧机的能力不匹配等问题而没有成功。在20世纪70年代世界能源危机以后发展起来的电炉小钢厂,采用短流程的钢铁生产工艺,将电炉炼钢、炉外精炼、连铸、轧机紧凑地布置在一起,连铸机与轧机用设备相连接,从连铸机送出的连铸坯不经冷却,直接送入轧钢车间的加热炉中补充加热,然后即送入轧机轧制。这种方法就称为连铸坯直接热装工艺。

　　1979年位于意大利奥斯塔(Austa)的柯尼亚厂在3流连铸机上生产200mm×235mm的合金钢(不锈钢、阀门钢等)连铸坯,在钢坯出坯台架处设有保温罩,钢坯经保温台架后直接进入步进式加热炉加热,然后经650mm二辊可逆式轧机轧制成(90mm×90mm)~(150mm×150mm)的连铸坯,这就是早期的热送热装工艺。经20世纪80年代的酝酿和技术准备,1989年在意大利Vent厂投产了一套连铸坯100%热送热装的"黑匣子"工厂,经两年的运行之后证明它具有节省投资、节约能源等一系列优点。1992年以后这项节约能源的新技术在世界范围内得到迅速推广。采用直接热装工艺的优点是:

　　(1)减少加热炉燃料消耗,提高加热炉产量。可降低燃料消耗40%~67%,若热装温度为600~900℃,则可节能0.4~0.8GJ/t,加热炉产量提高20%~30%。

　　(2)减少加热时间,减少金属消耗,一般可比冷装减少0.3%的金属损耗。

　　(3)减少库存钢坯量、厂房面积和起重设备,减少人员,降低建设投资和生产成本。

　　(4)缩短生产周期,从接受订单到向用户交货可以缩短到几个小时。

　　因此,这项技术在小型棒材轧机和线材轧机,在碳素钢厂和特殊钢厂均得到了广泛应用。而对特殊钢厂由于可省去大量钢坯清理工作和缓冷设施,优点更为明显。

　　除上述直接热装工艺外,有的厂由于轧钢车间距连铸车间较远,只能采用从连铸车间用保温车热送钢坯的方法。这种生产方式,由于不是直接连接,热送温度无保证,经常波动,一般还需设保温坑,热装效果显然不如直接热装。

　　轧机与连铸机的紧密衔接和热装,使轧钢车间的生产管理概念产生了革命性的变化。在以往的传统冷装工艺中,轧钢车间是按规格来组织生产的,即每一直径的产品都由不同钢种的坯料编成一组,装入加热炉而后进行轧制,这样可以充分利用轧槽。而在热装工艺中生产计划是根据生产的钢种进行安排的，一个钢种的每一个浇铸单元最低为一炉钢，而大多数情况下均多于一炉，这批钢坯就不是仅轧制一个规格而是要轧制多个规格，因此轧机必须多次换辊。尤其是特殊钢厂订货批量较小，更需频繁换辊。以现在的生产水平每一炉钢轧制 2~3 个规格是可以达到的，要生产 3 个以上的规格，由于换孔槽过于频繁，生产有相当的难度。

2.1.3.2　采用热装的条件

采用热装的条件是：

（1）炼钢车间应具备必要的设备和技术，以保证生产出无缺陷连铸坯和生产过程的稳定均衡。这些设备和技术包括炉外精炼、无渣出钢、吹氩搅拌、喂丝微调成分、浸入式水口、气封中间包、保护浇铸、结晶器液面控制、电磁搅拌、气雾冷却、多点矫直等，特殊钢生产还应具有真空脱气、软压下等技术。不合格坯均在炼钢车间剔出处理。

用铝镇静的钢，连铸坯中氮化铝在热装温度范围沿晶界析出，在轧制过程中就会产生表面裂纹。为解决此问题，一个有效的方法是在连铸机的出口处设置水冷淬火装置，将连铸坯表面迅速冷却到 550℃ 左右，形成一定深度的表面淬硬层，从而避免氮化铝在表面析出。

（2）炼钢连铸车间与轧钢车间应按统一的生产计划组织生产，并尽可能统一安排计划检修。

（3）连铸机与轧机小时产量应匹配得当。若轧机小时产量小于连铸机最大小时产量（不考虑连铸机准备时间），则将有许多热坯不能进入轧机而必须脱离轧线变成冷坯；若轧机设计能力大于连铸机最大小时产量，则轧机能力将不能发挥而造成浪费，故原则上轧机小时产量应与连铸机最大小时产量平衡，轧机设计时应力求各规格产品的小时产量尽量接近。

（4）为充分发挥热装效果，希望即使在轧机短时停轧（换辊、换轧槽）时也不产生冷坯离线，故在装炉辊道与加热炉之间应设缓冲区，以暂时储存钢坯。为了在重新开轧后能吸收掉积存的热坯，轧机（包括加热炉）最大小时产量应高于连铸机最大小时产量20%~25%。

（5）加热炉应能灵活调节燃烧系统，以适应经常波动的轧机小时产量以及热坯与冷坯之间的经常转换。

（6）轧机应有合理的孔型设计，采用共用孔型系统以减少换辊次数。为尽量缩短因换辊、换槽等引起的短时停车时间，应采用快速换辊装置、轧辊导卫预调、导卫快速定位技术等。

（7）应设置完善的计算机系统，在炼钢连铸机与轧钢车间之间进行控制和协调。

2.1.3.3　热装工艺

A　连铸机与轧机能力的匹配

较容易实现热装的情况是一套连铸机与一套轧机相连。若是一套连铸机与两套轧机相配或两套能力较小的连铸机与一套轧机相配，虽然在设计上可有某些看似可行的方案，但实现起来就比较困难。最大的困难是钢号管理，其次是很难精确组织生产使连铸机与轧机能力达到均衡，因而热装的优越性将大打折扣。因设备之间距离远，热坯的运输也会有问题。

在一对一的情况下（一座电炉、一座炉外精炼设备、一套连铸机对应一套小型或线材轧机），小型棒材轧机与线材轧机的情况又有所不同。小型棒材轧机轧小规格产品时轧机小时产量较低，可通过切分及适当提高终轧速度来解决，另外这种轧机换辊时间通过采用整机架快速更换装置可缩短到 7~8min，不会影响热装的继续进行。而线材轧机在轧制小规格产品（例如 $\phi5.5mm$）时，即使采用最高的轧制速度其小时产量仍远低于较大规格的小时产量。再者，线材的无扭精轧机换辊环仍采用人工逐个更换，时间较长，若超过30min，缓冲装置已充满，部分热坯必须离线冷却下来（这些坯料必须单独编炉号）。因此，线材轧机不可能实现100%的热装。

显然，轧线上轧机数量越少实现热装越容易，因为事故和换辊次数都大大减少。较早实现100%热装的是一套用 240mm×240mm、280mm×280mm 连铸坯生产 90~200mm 方圆棒钢的轧机，该轧线仅有 8 个机架。

B 缓冲装置的设置

缓冲装置的作用是当连铸机与轧机小时产量不同时起调节作用，并在轧机因事故或换辊而停车时暂时储存热钢坯，以使热装不致中断。一般缓冲装置的能力设计成可储存30min 产出的连铸坯（最好是一炉钢坯），因为在 30min 内一般事故和换辊均可处理完。

缓冲装置的形式有多种，一种是设炉外缓冲区——保温室，采用绝热材料构筑，但不设烧嘴。其中又分两种，一种是仅有一条热坯输送辊道，热坯先进后出，这样进加热炉的坯料温度就有差别；另一种是分设输入和输出两条辊道，热坯可先进先出，进加热炉的热坯温度可保持基本一致。

还有一种缓冲装置是采用炉内缓冲区，即将加热炉入口区 3~4m 作为缓冲区，同时需设一套装料机，若是热坯进炉后即用此装料机将钢坯越过 3~4m 距离送至加热区，若是冷坯则在此区停留并缓慢加热。近年来，也有仅设台架不加保温室的做法，这是因为经过一段时期的实践，发现一定尺寸以上的连铸坯在缓冲区内温降不大。

C 热装工艺

几种热装工艺介绍如下：

（1）正常热装。正常轧制状态下，热连铸坯自连铸机冷床处用取料机逐根取出放到单根坯运输辊道上，再由此辊道送到加热炉附近，在此进行测长并剔除不合格坯，合格坯提升后落入装料辊道，称重后装入加热炉加热，并随后送入轧机轧制。

（2）间接热装。若轧机短时停轧（换辊、换轧槽、一般事故），热连铸坯则从另一组多排料的输送辊道送入缓冲保温室暂存，并由保温室中的移送机将坯料移向保温室出口附近。当轧机重新运转后，暂存的热连铸坯从其输出辊道逐根送出，经测长、提升、称重后入炉。同时从连铸机冷床来的热连铸坯也沿同一辊道送入加热炉。此时加热炉和轧机将以较高的小时能力生产，直至缓冲保温室内积存的坯料完全出空。此时轧机又恢复到正常轧制状态。由于热坯不是直接从连铸机而是经由保温室进入加热炉的，故称之为间接热装。

（3）冷装。从连铸机甩下的冷坯及清理后的连铸坯，用吊车从坯料堆存场地成排吊到冷装台架上，钢坯到达台架端部时，逐根被拨入运输辊道，然后测长、提升、称重入炉。

（4）混合热装。当某些规格需要轧机小时产量大于连铸机的小时产量时，可采取混合热装方式操作。其过程如下：从连铸机送来的热坯沿多根坯运输辊道进入缓冲保温室暂存，同时将冷坯装入加热炉，并按要求的小时产量进行轧制。当缓冲保温室已存满钢坯时停止上冷坯，改由缓冲保温室和连铸机共同向轧机加热炉供热坯，此时的轧机小时产量就可高于连铸机的产量。当缓冲保温室内的热坯出空时，热坯又转向缓冲保温室暂存，同时改用冷坯装炉。

（5）延迟热装。如前所述，某些钢种为防止采用热装时在轧制后出现表面裂纹，需将连铸坯从900℃以上迅速冷却到550℃左右再装炉，这种热装工艺称为延迟热装。

2.2 坯料的加热

2.2.1 加热设备

2.2.1.1 概述

连续加热炉是轧钢车间应用最普遍的炉子。钢坯由炉尾装入，加热后由另一端送出。推钢式连续加热炉，钢坯在炉内是靠推钢机的推力沿炉底滑道不断向前移运；机械化炉底连续加热炉，钢坯则靠炉底的传动机械不停地在炉内向前运动。燃烧产生的炉气一般是对着被加热的钢坯向炉尾流动，即逆流式流动。钢坯移到出料端时，被加热到所需要的温度，经过出钢口出炉，再沿辊道送往轧钢机。

连续加热炉的工作是连续性的，钢坯不断地加热，加热后不断地推出。在炉子稳定工作的条件下，炉内各点的温度可以视为不随时间而变，属于稳定态温度场，炉膛内传热可近似地当做稳定态传热，钢坯内部热传导则属于不稳定态导热。

具有连续加热炉热工特点的炉子很多，从结构、热工制度等方面看，连续加热炉可按下列特征进行分类：

（1）按温度制度可分为两段式、三段式和强化加热式。

（2）按被加热金属的种类可分为加热方坯的、加热板坯的、加热圆管坯的、加热异型坯的。

（3）按所用燃料种类分为使用固体燃料的、使用重油的、使用气体燃料的、使用混合燃料的。

（4）按空气和煤气的预热方式可分为换热式的、蓄热式的、不预热的。

（5）按出料方式可分为端出料的和侧出料的。

（6）按钢料在炉内运动的方式可分为：推钢式连续加热炉、步进式炉、辊底式炉、转底式炉、链式炉等。步进式加热炉是各种机械化炉底炉中使用发展最快的炉型，是取代推钢式加热炉的主要炉型。20世纪70年代以来，世界各国兴建的热轧等大型轧机，几乎都采用了步进式炉，在我国，步进式炉在80年代以来广泛用于轧板、高线、连续小型轧钢厂。小型连轧厂根据工艺要求采用步进梁式加热炉，其与其他炉型的比较及主要特点如下所述。

2.2.1.2　步进梁式加热炉与推钢式炉的比较

（1）在推钢式炉内，钢坯的运行是靠推钢机的推力在滑轨上滑行的，因此，钢坯下表面往往产生划痕，给钢坯表面质量带来不利影响，但在步进梁式炉中，钢坯的运行是靠步进梁托起—前进—放下来完成的，所以不产生划痕。

（2）在推钢式炉内，钢坯接触水冷滑轨部分温度较低，"黑印"严重，对轧件的尺寸偏差影响很大，而步进梁式炉虽有水梁，但钢坯并不连续接触水梁，而是间断、交替地接触水梁，"黑印"现象较轻，温差较小，对产品尺寸偏差的影响大有改善。

（3）在推钢式炉内，钢坯是紧紧靠在一起的，高温下易产生"黏钢"现象，并且只能单面或双面受热，加热速度慢，温度不够均匀，但在步进梁式炉中每根钢坯间都留有较大的间隙，步进避免了"黏钢"现象，而且实现了四面加热，加热速度快，温度均匀。

（4）推钢式炉在推钢时易发生拱钢事故，炉子有效尺寸受钢坯断面尺寸和推钢机能力的限制，但步进梁式炉不会发生拱钢现象，炉子设计也不用考虑拱钢问题而限制炉子长度。

（5）推钢式炉不能空炉，因此，对不同钢种不同加热工艺的调整、检修空炉等灵活性很差，但步进梁式炉空炉方便，步进操作灵活，加热各种钢种的适应性强。

（6）步进梁式炉加热速度快，温度均匀，操作灵活，因此，减少了钢坯的烧损，推钢式炉的氧化铁皮占钢坯总重的 1% ~ 1.5%，步进梁式炉的仅占 0.5% ~ 0.8%，减轻了清渣劳动强度。

（7）步进梁式炉操作灵活，可根据轧机产量调节装钢量，便于更换钢种，适于热装、热进；能够准确地将钢坯送到轧制中心线，与全连续小型棒材轧机全连续轧制相匹配；便于实现全自动进出钢的计算机控制和钢坯跟踪等功能。

（8）步进梁式炉的固定梁、步进梁和支撑管总的水冷表面积，约比推钢式炉底管的冷却表面积大一倍，故其理论热耗比推钢式炉的大 10% ~ 15%；但是由于步进梁没有推钢时的振动，步进梁绝热包扎采用了内层纤维毡，外层用浇注料浇注的办法，寿命长达数年；而推钢式炉由于推钢时水管振动，水管绝热包扎极易脱落，高温段绝热包扎使用一个月就脱落 15%，甚至更多，为维护方便使用单位又采用了如水梁预制绝热砖等粗糙的绝热方式，所以在实际运行过程中，推钢式炉比步进梁式炉的能耗反而高很多。

（9）步进梁式炉水耗比推钢式的大 60% 左右；在投资方面，加热炉系统总投资步进梁式炉比推钢式炉的高 25% ~ 30%；在维护方面，虽然炉底水梁包扎等的维护量很小，但机电控制、炉底机械的液压驱动等设备的维护量大大增加。

2.2.1.3　步进梁式炉与步进底式炉、梁底组合式炉的比较

（1）步进梁式炉是上下加热的炉子，钢坯在整个加热过程中，基本处于对称加热状态（除与步进梁接触点外），钢坯温度均匀，无阴阳面，适于加热各种断面的坯料。而步进底式炉只有上加热，没有下加热，钢坯在整个加热过程中，基本处于非对称加热状态，上下加热不均匀；当加热大断面的钢坯时，由于非对称加热产生的钢坯断面上下温差，导致钢坯变形向上弯出，影响正常运行，因此步进底式炉只适于加热 120mm×120mm 以下的小断面坯料，最好是加热 100mm×100mm 以下的方坯。

（2）步进梁式炉是上下加热的炉子，加热速度快，炉子产量大。在加热较大断面钢坯时，一般步进底式炉单位炉底过钢面积的产量常取 350kg/（m² · h）左右，梁底组合式炉单位炉底过钢面积的产量常取 400~450kg/（m² · h），而节能型步进梁式炉的单位炉底过钢面积的产量常取 600~650kg/（m² · h），即在同样有效炉长的情况下，步进梁式炉的产量可提高 45%~80%。

（3）步进底式炉钢坯在炉时间长，氧化铁皮厚，增加了清渣次数；当炉温过高时，易产生炉底结渣；氧化铁皮和炉底耐火材料脱落进入步进底和固定底缝隙后，会产生卡死现象，影响生产。而步进梁式炉钢坯在炉时间短，氧化铁皮薄，易于清除炉底积渣。

（4）步进底式炉炉内没有水冷梁，无水冷吸热损失，故能耗低、耗水量少，钢坯在步进底上不会"塌腰"，是其最大优点。而步进梁式炉炉内步进梁和固定梁均为水冷梁，水冷吸热损失大，导致能耗稍高，水耗大。

（5）梁底组合式步进炉综合了步进底式炉和步进梁式炉两者的优点，一般低温段采用步进梁，以消除钢坯断面温差，防止钢坯弯曲变形，且低温段水冷吸热损失少；而高强段采用步进底，减少了步进梁的数量，既可以减少水和热损失，又可防止小断面方坯在高温段产生"塌腰"。但由于高温段采用步进底，就带来了步进底式炉的许多缺点，特别是在加热大断面钢坯时尤为显著。其缺点为：

1）炉底强度低（如上面第（2）项中的比较），同样产量的步进底式炉与步进梁式炉比较增加了炉长和投资；

2）钢坯断面温差大，难以适应现代线棒材轧机对钢坯温度均匀性的要求（同条温差30℃以内）；

3）增大了钢坯氧化铁皮厚度，增加了钢坯脱碳；

4）高温段氧化铁皮清理麻烦，处理不及时会造成氧化铁皮涨高，使钢坯在高温段横向跑偏。

由于上述原因，梁底组合式步进炉只适合于加热断面尺寸为（100mm×100mm）~（130mm×130mm）的方坯，最大到 150mm×150mm；一般在方坯断面尺寸大于 130mm×130mm 时，宜采用步进梁式炉。

2.2.1.4　步进机构的功能及特点

A　步进机构的组成

步进梁式加热炉的步进机构由驱动系统、步进框架和控制系统组成。步进系统一般可分为电动式和液压式两种，行进部分的驱动一般靠液压系统实现，升降部分有的采用电动凸轮式，也有的采用液压曲杆式或液压斜轨式。电动凸轮式和液压曲杆式机构采用单层步进框架。液压斜轨式采用双层步进框架，步进框架通过轨道在辊轮上滑动。采用流量、压力补偿的恒功率泵和大容量比例阀的全液压斜轨式步进机构，运行稳定可靠，升降液压缸带动升降框架在斜轨上做升降运动时，步进底和步进梁便随之前进和后退。液压缸的动作和其运动速度是由液压阀门的开、闭和开启度的大小来控制的，而阀门的动作则由 PLC 程序控制。步进动作的信号由安装在相应部位上的接近开关和可编程行程开关发出。

B　步进机构的功能及特点

步进底和步进梁随着步进框架的运动做上升、前进、下降、后退的周期运动，一般将起始点设在步进梁的前下限或后下限，如加热炉的起始点在步进梁的前下限。步进机构可以完成如下功能：

（1）正循环。步进梁由原始位置后退、上升、前进、下降完成一个周期，可以输送钢坯前进一个步距；出料悬臂辊道前一根钢坯被进到悬臂辊道上，而进料辊道后一根钢坯被向前进一步，保证了进料、出料的连续性。

（2）逆循环、步进梁由原始位置上升、后退、下降、前进完成一个周期，可以输送钢坯后退一个步距。该功能可以实现事故倒钢。

（3）踏步。步进梁只做上升和下降运动，不做前进和后退运动。当轧线短期停轧时（少于30min），为减少钢坯黑印，采用该功能，使钢坯与步进梁和固定梁的接触时间相等，每次踏步周期时间控制在5min左右。

（4）中间位置保持。当轧机停轧时间长于30min炉子长时间不出钢时，为防止钢坯下弯，要求步进梁上表面与固定梁上表面停在一个标高处，即步进梁与固定梁同时支撑钢坯。

（5）步进等待。轧钢要求炉子的出钢周期总是比步进炉设备的最小步进周期要长，这时把多出的时间作为"等待"分配到步进梁轨迹拐点上。

2.2.1.5　加热炉燃烧系统及炉子结构特点

（1）采用全平焰烧嘴。上加热炉顶采用全平焰烧嘴，温度场均匀，辐射强度大，易于维持炉顶正压，防止冷风吸入。加热钢坯速度快，温度均匀，有利于减少氧化和脱碳，防止出钢侧待出钢坯温降。

（2）下加热采用端烧嘴。其优点是炉宽上温度便于调整，易于保证钢坯长度方向的温度均匀性。

（3）合理的炉内隔墙结构。在上加热平焰烧嘴供热部位和下加热端烧嘴供热部位设置炉顶隔墙和炉底隔墙，形成扼流，减少加热段与均热段之间的辐射传热，以保证加热段和均热段的单段温度控制；在下加热与预热段之间设炉底挡墙，区分加热区段，增强辐射。

（4）炉子采用全浇注复合内衬，炉内水梁包扎采用双层绝热，全炉绝热较好。

2.2.2　燃料选择

目前冶金企业加热炉最为广泛采用的固体燃料有煤，液体燃料有重油，气体燃料则使用混合煤气，下面重点介绍气体燃料。

2.2.2.1　天然气

天然气是直接由地下开采出来的可燃气体，是一种工业经济价值很高的气体燃料。它的主要成分是甲烷，含量（体积分数）一般在80%～90%，还有少量重碳氢化合物及 H_2、CO等可燃气体，不可燃成分很少，所以发热量很高，大多在33500～46000kJ/m³。

天然气是一种无色、稍带腐烂臭味的气体，密度约0.73～0.80kg/m³，比空气轻。天然气着火温度范围在640～850℃之间，与空气混合到一定比例（体积比为4%～15%），遇到明火会立即着火或爆炸。天然气燃烧所需的空气量很大，为9～14m³/m³。燃烧火焰光亮，辐射能力强，因为燃烧时甲烷及其他碳氢化合物分解析出大量固体颗粒。

天然气含惰性气体很少，发热量高，并可以做长距离运输，是优良的加热炉燃料，国外使用较多，国内冶金企业因各种原因使用较少。

2.2.2.2　高炉煤气和焦炉煤气

（1）高炉煤气是炼铁生产的副产品。通常加热炉使用的高炉煤气都是经过清洗后的煤气，因为从高炉出来的煤气含尘量很高，在输送过程中灰尘容易沉积在管道中，燃烧时容易堵塞燃烧器等。清洗后煤气（标态）含尘量可降到 $20mg/m^3$ 以下。

据宏观估计，高炉每消耗 1t 焦炭可产生 $3800 \sim 4000m^3$ 高炉煤气，可见数量之大，因此将高炉煤气加以综合利用对于节约能源有重要意义。高炉煤气的最大特点是含 N_2、CO_2 多，所以它发热量较低，通常只有 $3350 \sim 4200kJ/m^3$，因此燃烧温度低，单独在加热炉上应用比较困难，往往是与其他高发热量的煤气混合使用，或者将助燃空气及高炉煤气同时预热到较高的温度后再燃烧。高炉煤气的主要可燃成分是 CO、H_2，此外尚有少量的 CH_4 及碳氢化合物等。各组成成分的多少与高炉冶炼方法、生铁的品种、原料情况等因素有关。随着冶炼技术的不断提高，焦比不断下降，高炉煤气的质量不断下降。

高炉煤气的干成分（体积分数）大致见表 2-1。

表 2-1　高炉煤气的干成分

成分	$CO^{干}$	$H_2^{干}$	$CH_4^{干}$	$CH_2^{干}+SO_2$	$O_2^{干}$	$N_2^{干}$
体积分数/%	25~30	1.5~3	0.2~0.6	8~15	0.2~0.3	55~58

由此可见，高炉煤气含 CO 多，使用时要防止中毒。

（2）焦炉煤气是炼焦生产的副产品。焦炉每炼 1t 焦炭能得到 $400 \sim 450m^3$ 焦炉煤气。由于炼焦过程是在隔绝空气的情况下将煤进行干馏的，所以它的副产品焦炉煤气中非可燃物含量很少。焦炉煤气的主要可燃成分有 H_2、CH_2、CO 和碳氢化合物，当原料中硫含量高时，其可燃成分还有 H_2S。不可燃成分有 N_2、O_2、CO_2，但是含量较低，所以它的发热量很高，属于高热值优质燃料。

焦炉煤气的干成分（体积分数）大致见表 2-2。

表 2-2　焦炉煤气的干成分

成分	$H_2^{干}$	$CH_4^{干}$	C_nH_m	$CO^{干}$	$O_2^{干}$	$N_2^{干}$	SO_2
体积分数/%	50~60	20~30	1.5~2.5	5~9	0.5~0.8	1~8	0.4~0.5

焦炉煤气的发热量为 $15490 \sim 18840kJ/m^3$，理论燃烧温度可达 $2100 \sim 2200℃$。焦炉煤气的主要可燃成分是 H_2 和 CH_4，所以焦炉煤气的密度比较小，燃烧时火焰具有上浮现象，也就是说火焰的刚性小。从某种意义上来说，上浮是不利于加热炉内加热的。

（3）高炉-焦炉混合煤气。在钢铁联合企业里，可以同时得到大量的高炉煤气和焦炉煤气。焦炉煤气与高炉煤气产量的比值大约为 1:10，单独使用焦炉煤气从企业总的能量分配来看是不合理的，所以在钢铁联合企业里可以利用不同比例的高炉煤气和焦炉煤气配备成各种发热量的混合煤气，其发热量为 $5900 \sim 9200kJ/m^3$，供企业内各种冶金炉作为燃料。

高炉煤气和焦炉煤气的发热量分别为 $Q_高$ 和 $Q_焦$，要配成发热量为 $Q_混$ 的混合煤气，其配比可用下式计算（设焦炉煤气在混合煤气中所占的百分比为 x，则高炉煤气所占的百分比为 $1-x$）：

$$Q_混 = xQ_焦 + (1 - x)Q_高$$

整理上式得：
$$x = (Q_混 - Q_高)/(Q_焦 - Q_高)$$

2.2.3　坯料的加热工艺

2.2.3.1　概述

钢的加热质量直接影响到钢材的质量、产量、能源消耗以及轧机寿命。正确的加热工艺可以提高钢的塑性，降低热加工时的变形抗力，按时为轧机提供加热质量优良的钢坯，保证轧机生产顺利进行。反之，如果加热温度过高，发生钢的过热、过烧，就会造成废品；如果钢的表面发生严重的氧化和脱碳，也会影响钢的质量，甚至报废。钢的加热工艺包括钢的加热温度和加热均匀性、加热速度和加热时间、炉温制度、炉内气氛等。

2.2.3.2　钢的加热温度

钢的加热温度是指钢料在炉内加热完毕出炉时的表面温度，其主要根据铁-碳相图中的组织转变温度来确定，具体确定加热温度还要看钢种、钢坯断面规格和轧钢工艺设备条件。从轧钢角度看，温度高时钢坯的塑性好，变形抗力小；温度低时钢坯的塑性差，变形抗力大。但随着加热温度的提高，钢材力学性能发生改变，而且钢的氧化烧损率也随着加热温度的升高而急剧增加，若氧化铁皮不易脱落，在轧制时会造成轧件的表面缺陷；加热温度高，必然降低加热炉的寿命，也明显增加燃料消耗；另外，加热温度过高，还会出现钢坯的过热和过烧，造成废品。因此，应从工艺、钢种、规格、质量、成材率和节能降耗等诸因素综合考虑，合理选择加热温度。从低碳钢、高碳钢及低合金钢的加热实践看，1050~1180℃的加热温度是比较适宜的。

2.2.3.3　钢坯的加热速度和加热时间

钢坯的加热速度通常是指单位时间内钢坯表面温度的上升速度，单位为℃/h。在实际生产中，钢坯的加热速度用单位厚度的钢坯加热到规定温度所需时间（单位为 min/cm）或单位时间内加热的钢坯厚度（单位为 cm/min）来表示。钢坯的加热时间通常指钢坯从常温加热达到出炉温度所需的总时间。

加热速度和加热时间受炉子热负荷的大小和传热条件、钢坯规格和钢种导温系数大小的影响。加热速度大时，能充分发挥炉子的加热能力，在炉时间短，烧损率小，燃耗低。因此，在可能的条件下应尽量提高加热速度来追求较先进的生产指标。不过应避免表面和内部产生过大的温差，否则钢坯将会产生弯曲和由热应力引起的内裂。碳素结构钢和低合金钢一般可不限制加热速度，加热时间都较短；但对大断面钢坯和高碳、高合金钢，必须控制好加热速度，以免内外温差大造成钢坯内部缺陷；热装加热热坯时，由于不存在残余应力，而且已进入塑性状态，所以加热速度也可不受限制。步进式炉可使钢坯三面或四面均匀受热，加热条件大大改善。对于常规的高线和小型加热炉，其低碳钢加热速度的经验数据为：推钢式炉为 6min/cm 左右，而步进梁式炉则为 4.5~5min/cm。

钢坯的加热时间是钢坯的在炉时间，是预热时间、加热时间、均热时间的总和，由理论计算得出的加热时间目前还不能与实际相吻合，经验公式及实际资料仍是生产中确定加热时间的主要依据。如某加热炉加热 150mm×150mm×10000mm 方坯，套用经验公式，其加热时间约为 15×(4.5~5) = 67.5~75min，与实际情况基本相符。

2.2.3.4 钢加热的均匀性

钢加热最理想的情况是能把它加热到里外温度都相等，但实际上很难做到，所以根据加工的许可范围，允许加热终了的钢坯内外温度存在一定程度的不均匀性。一般规定断面允许温差为：

$$\Delta t_{终}/s = 100 ~ 300$$

式中 $\Delta t_{终}$——钢最终加热时的断面温差，℃；

s——钢加热时的透热深度，m。

允许的内外温差随钢的可塑性不同而有所不同，对于低碳钢这一可塑性比较好的钢种来说，$\Delta t_{终}/s$ 的数值可大一些；对于高碳钢及合金钢，$\Delta t_{终}/s$ 的数值应该小一些。另外，它的大小还和压力加工的种类有关，例如管坯穿孔前加热要求断面温差很小。以上规定的钢断面温差在生产上是通过控制加热及均热时间来达到的，因为钢坯中心温度在线无法测量。

除了表面和中心温差外，钢坯上下表面也具有温差（阴阳面），其大小与炉型有直接关系。步进梁式炉上下表面的均匀性好于其他炉型，通过合理的上下加热、高性能的耐热滑块、合理的水梁分配可以基本消除下表面黑印，使上下表面温度基本相同。

2.2.3.5 钢的加热制度

对于不同钢种，加热工艺包括：钢的加热温度、断面允许温差、加热速度以及炉温制度和供热制度，后两项统称为加热制度。钢的加热制度按炉内温度随时间的变化，可以分为一段式加热制度、二段式加热制度、三段式加热制度和多段式加热制度。

一段式加热制度是把钢料放在炉温基本不变的炉内加热，特点是炉温和钢料表面的温差大、加热速度快、加热时间短、炉子结构和操作简单。缺点是废气温度高、热利用率差，因没有预热期和均热期，只适合加热断面尺寸小、导热性好、塑性好的钢料或热装钢料。

二段式加热制度是使钢料先后在两个不同的温度区域内加热，由加热期和均热期组成或由预热期和加热期组成。由加热期和均热期组成的二段式加热制度是把钢锭直接装入高温炉膛进行加热，特点是加热速度快、断面温差小、出炉废气温度高、热利用率低，只适合加热导热性好、快速加热温度应力小的钢料。由预热期和加热期组成的二段式加热制度，出炉废气温度低，金属的加热速度较慢，因为中心与表面的温差小，一些导热性差的钢先在预热段加热（强度应力小），待温度升高进入钢的塑性状态后再到高温区域进行快速加热，因没有均热期最终不能保证断面上温度的均匀性，所以不能用于加热断面大的钢坯。

　　三段式加热制度是把钢料放在三个温度条件不同的区域（或时期）内加热，依次是预热期、加热期、均热期，它综合了以上两种加热制度的优点。钢坯首先在低温区域进行预热，这时加热速度比较慢，温度应力小，不会造成危险。等到金属中心温度超过500℃以后，进入塑性范围，这时就可以快速加热，直到表面温度迅速升高到出炉所要求的温度。加热期结束时，金属断面上还有较大的温度差，需要进入均热期进行均热。此时钢的表面温度基本不再升高，而使中心温度逐渐上升，缩小断面上的温度差。三段式加热制度既考虑了加热初期温度应力的危险，又考虑了中期快速加热和最后温度的均匀性，兼顾了产量和质量两方面。在连续加热炉上采用这种加热制度时，由于有预热段，出炉废气温度较低，热能的利用较好，单位燃料消耗低。加热段可以强化供热，快速加热，减少了氧化与脱碳，并保证炉子有较高的生产率。这种加热制度是比较完善与合理的，适用于加热各种尺寸的碳素钢坯及合金钢坯。

　　多段式加热制度用于某些钢料的热处理工艺中，包括几个加热、均热（保温）、冷却段；也可指现代大型连续加热炉中，由于加热能力大而采用的多点供热多区段加热的情况。对于连续式加热炉来说，多段式加热虽然除预热段和均热段外还包括第一加热段、第二加热段等，但从加热制度的观点上说仍属于三段式加热制度。

2.2.3.6　钢的加热缺陷

　　钢在加热过程中，炉子的温度和气氛必须调整得当，如果操作不当，会出现各种加热缺陷，如氧化、脱碳、过热，过烧等。这些缺陷影响钢的加热质量，甚至造成废品，所以加热过程中应尽力避免。

　　A　钢的氧化

　　a　氧化铁皮的生成

　　钢在常温下也会氧化生锈，但氧化进行得很慢。温度继续升高后氧化的速度加快，到了1000℃以上，氧化开始激烈进行。当温度超过1300℃以后，氧化进行的更加剧烈。如果以900℃时烧损值作为1，则1000℃时为2，1100℃时为3.5，1300℃时为7。氧化过程是炉气内的氧化性气体（O_2、CO_2、H_2O、SO_2）和钢的表面层的铁进行化学反应的结果。根据氧化程度的不同，生成几种不同的铁的氧化物——FeO、Fe_3O_4、Fe_2O_3。氧化铁皮的形成过程也是氧和铁两种元素的扩散过程，氧由表面向铁的内部扩散，而铁则向外部扩散。外层氧浓度大，铁的浓度小，生成铁的高价氧化物；内层铁的浓度大而氧的浓度小，生成铁的低价氧化物。所以氧化铁皮的结构实际上是分层的，最靠近铁层的是FeO，依次向外是Fe_3O_4和Fe_2O_3。各层大致的比例是FeO占40%，Fe_3O_4占50%，Fe_2O_3占10%。这样的氧化铁皮其熔点约在1300~1350℃。

　　b　影响氧化的因素

　　(1) 加热温度的影响。钢在加热时，炉温越高，而加热时间不变的情况下所生成的氧化铁皮量越多，因为随着温度的升高，钢中各成分的扩散速度加快。研究指出，氧化铁皮生成量与温度和时间的关系为：

$$w = a\sqrt{\tau}\,\mathrm{e}^{\frac{b}{T}}$$

式中　a，b——常数；

τ——加热时间；

T——钢的表面温度。

（2）加热时间的影响。由上式可知，钢加热时间越长生成氧化铁皮越多，高温下生成氧化铁皮更多。

（3）炉气成分的影响。炉气成分一般包括 CO_2、CO、H_2O、H_2、O_2、N_2 等，根据燃料的不同还存在 SO_2、CH_4 等气体，其中 H_2O、O_2 氧化能力较大，其浓度大小直接影响到氧化铁皮生成的多少。

（4）钢的化学成分的影响。钢中碳含量大时，钢的烧损率有所下降；钢中含有 Cr、Ni、Si、Mn、Al 等元素时，由于这些元素氧化后能生成很致密的氧化膜，这样就阻碍了金属原子或离子向外扩散，结果使氧化速度大为降低。

c 减少钢氧化的措施

影响氧化的因素如上所述，其中钢的成分是固定的因素，因此要减少氧化烧损量主要从其他因素着手。具体措施有如下几种：

（1）根据加热工艺严格控制炉温，严格控制加热时间，减少钢在高温区域的停留时间，不出高温钢，该保温待轧的必须降温待轧。

（2）控制炉内气氛。在保证完全燃烧的前提下，降低空气消耗系数。严格控制炉压力，保证炉体的严密性，减少冷空气吸入，特别是减少炉子高温区吸入冷空气。此外，还应尽量减少燃料中的水分等。

（3）采取特殊措施，如采用少氧或无氧直接加热。其基本原理是高温段采用小的空气消耗系数，而在低温段则供入必要的空气，使不完全燃烧的成分燃烧完全。

B 钢的脱碳

a 脱碳的原因

钢料在高温炉内加热过程中，钢表面一层碳含量降低的现象称为脱碳。碳在钢中以 Fe_3C 的形式存在，它是直接决定钢的力学性能的成分。钢表面脱碳后将引起力学性能发生变化，特别是高碳钢，如工具钢、滚珠轴承钢、弹簧钢等都不希望发生脱碳现象，因此脱碳被认为是钢的缺陷，严重时将予以报废。钢的脱碳与它的氧化是同时发生的，并且相互促进。若钢的脱碳层深度大于氧化层深度，危害就大了。钢的脱碳过程是炉气中的 H_2O、CO_2、H_2、O_2 和钢中的 Fe_3C 反应的结果，在这些气体成分中 H_2O 脱碳能力最强，其次为 CO_2、O_2、H_2。高温下钢的氧化和脱碳是相伴发生的，氧化铁皮的生成有助于抑制脱碳，使扩散趋于缓慢，当钢的表面生成致密的氧化铁皮时，可以阻碍脱碳的发展。

b 影响脱碳的因素

（1）加热温度的影响。对多数钢种来说，随着温度的增加，可见脱碳层几乎呈直线增加；有的钢种因一定高温后氧化速度大于脱碳速度，脱碳层会在一定高温后不再增加而是减少。

（2）加热时间的影响。在低温条件下即使钢在炉内时间较长，脱碳也不显著，在高温下停留的时间越长，则脱碳层越厚。一些易脱碳钢不允许长时间在高温下保温待轧，遇到故障停轧时间过长时应把炉内钢坯退出炉外。

（3）炉气成分的影响。从钢的脱碳过程可以看出，若炉气中存在着 H_2O、CO_2、O_2 和 H_2，则钢必然脱碳，炉气都是脱碳气氛的，炉气中这几种气体浓度的大小是影响脱碳速度快慢的主要因素之一。而这些气体的含量决定于燃料种类、燃烧方法、空气消耗系数、炉膛压力等。实践证明，最小的可见脱碳层是在氧化性气氛中而不是在还原性气氛中得到的。

(4) 钢的成分的影响。钢的碳含量越高，钢的脱碳越容易。合金元素对脱碳的影响不一，铝、钴、钨这些元素能促使脱碳；铬、锰、硼则减少钢的脱碳。易脱碳的钢种有碳素工具钢、模具钢、高速钢等。

c　减少钢脱碳的措施

前述减少钢的氧化的措施基本适用于减少脱碳。例如进行快速加热，缩短钢在高温区域停留的时间；正确选择加热温度，避开易脱碳的脱碳峰值范围；适当调节和控制炉内气氛，对易脱碳钢使炉内保持氧化气氛，使氧化速度大于脱碳速度；采取合理的炉型结构，易脱碳钢最好采用步进式炉，因为它可以控制钢在高温区的停留时间，一旦轧机因故障停轧，可以把炉内全部钢坯及时退出。脱碳问题对一般钢种来说，比起氧化的问题是次要的，只是加热易脱碳钢和某些热处理工艺需要注意。

C　钢的过热和过烧

钢的加热温度超过临界加热温度时，钢的晶粒就开始长大，即出现钢的过热。晶粒粗化是过热的主要特征，晶粒过分长大，钢的力学性能下降，加工时容易产生裂纹。

加热温度与加热时间对晶粒的长大有决定性的影响，加热温度越高、加热时间越长，晶粒长大的现象越显著；在加热过程中，应掌握好加热温度及钢在高温区域的停留时间。另外合金元素大多数是可以减少晶粒长大趋势的，只有碳、磷、锰会促进晶粒的长大。

当钢加热到比过热更高的温度时，不仅钢的晶粒长大，晶粒周围的薄膜开始熔化，氧进入了晶粒之间的间隙，使金属发生氧化，又促进了它的熔化，导致晶粒间彼此结合力大为降低，塑性变坏，这样钢在进行压力加工过程中就会裂开，这种现象就是过烧。

与过热相同，发生过烧往往也是由于在高温区域停留时间过长的缘故，如轧线发生故障、换辊等，遇到这种情况要及时采取措施。另外，过烧不仅取决于加热温度，也和炉内气氛有关。炉气的氧化能力越强，越容易发生过烧现象，在还原性气氛中，也可能发生过烧，但开始过烧的温度比氧化性气氛要高 60~70℃。钢中碳含量越高，产生过烧危险的温度越低。

已经过热的钢可以重新加热进行压力加工，过烧的钢不能重新回炉再加热，只有作为废钢重新冶炼。

2.2.3.7　加热炉的生产能力

A　加热炉生产能力的表示方法

炉子生产率是表示炉子生产能力大小的指标，即单位时间加热金属量（单位为 t/h 或 kg/h）。如小型连轧厂加热炉生产能力一般为 90t/h。

炉底强度是单位时间内单位炉底面积所加热的金属量（单位为 $kg/(m^2 \cdot h)$），可用来比较不同炉子的生产能力。它有两种表示方法：一种是钢压炉底强度，另一种是有效炉底强度。两者之间的区别是前者的炉底面积是指钢压住的那一部分面积，后者的炉底面积是整个有效炉底面积。假设炉子生产率为 G，钢压面积或有效炉底面积为 A，则炉底强度为：

$$P = G/A$$

B　影响炉子能力的主要因素

影响炉子能力的主要因素有：

（1）工艺因素。作业周期、加热品种、钢料入炉温度、出钢温度、加热均匀性、工艺保温等工艺因素，决定了不同炉型和不同加热工艺的采用，进而决定了炉子的不同生产能力。如连续小型棒材轧机用节能型步进梁式炉的炉底强度可达 $600 \sim 650 kg/(m^2 \cdot h)$，而薄板连轧用的步进式炉炉底强度只有 $370 \sim 560 kg/(m^2 \cdot h)$。

（2）热工因素。工艺因素一定时，炉子的供热负荷、温度制度、炉压制度、供热制度、炉膛热交换、炉子余热利用等热工因素对炉子生产能力的大小起着关键性的作用。在轧线需要时，可通过提高供热负荷保持温度制度提高炉子能力，也可以通过适当提高炉温来提高炉子产量，提高供热负荷。提高炉温时又必须考虑炉子热交换是否正常，炉压是否能够维持正常，换热器等是否能够适应。

（3）其他因素。在上述因素一定的情况下，进出炉温度、炉子的机械化和自动化装备水平等直接影响炉子能力。

2.2.4　热工制度

2.2.4.1　日常工作要求

（1）操作中应根据生产节奏和品种规格的变化，按加热制度进行调节。

（2）工作中严格执行勤检查、勤调整、勤联系的要求，及时调节空燃比，使燃料在各段达到完全燃烧，确保降低燃料消耗，减少钢坯氧化烧损。

（3）向工控机输入的各种加热参数应准确，各段参数控制应稳定，使工控机处于良好的运行状态。

（4）按照点检的要求进行检查，对发现的问题能处理的应及时处理，本岗位处理不了的应逐级汇报，并做好记录。对存在的问题应加强检查，分析原因并制定预防纠正措施，问题解决以后进行验证，记录形成闭环。

（5）班中应按要求准确、完整、清楚地填写（或打印）有关原始记录。

（6）严格执行加热制度和待轧制度，升温时先升均热、一加、下加，待轧时再升二加、侧加；降温时先降侧加、二加，然后再降下加、一加，最后降均热。

（7）当煤质差、空燃比在 1.3 以下或轧制节奏太快、出炉钢温不能满足生产要求时，及时反馈调度，建议生产车间控制轧制节奏，并做好待轧记录。

（8）加热过程中应密切关注各段炉温和钢温的情况，并加以比较。当炉温超过加热要求时，应立即采取纠正措施，并在记录上方打上"△"，注明原因。

（9）勤调节烟道闸板，严禁炉头炉尾冒火或吸风，炉膛压力控制在 $10 \sim 30 Pa$ 为宜。

（10）无论正常生产还是事故停产时，烧嘴前的空气碟阀均不得关死。正常生产时，所使用烧嘴前的空气碟阀应全开，不使用烧嘴前的空气碟阀应保留 1/5 开度。

2.2.4.2　加热炉送煤气程序

（1）对新建的或改造的炉子，应对煤气管道系统、阀门、法兰进行试漏，确保严密无漏气。

（2）逐一检查确认所有的煤气烧嘴阀门必须处于关闭状态。

（3）检查各段煤气放散阀必须处于全开状态。

（4）各段煤气、空气执行器阀位必须保留一定的开度。

（5）全打开烟闸，启动风机。

（6）送煤气前应先用氮气清扫煤气管道，将管道内的空气排干净后方可送煤气，并要把煤气送到炉头。

2.2.4.3　加热炉点火程序

（1）点火前准备好火把，检查煤气和空气压力必须处于正常状态，水冷系统正常。

（2）点火前在煤气管道末端试验阀处用试验筒取样做煤气爆发试验，试验合格后方可点火。

（3）点火作业时，必须有专人指挥，一人执火把，一人开阀门，一人联系。

（4）烧嘴空气阀门开 1/5 往炉内送风。

（5）往炉内送明火，距离指定烧嘴砖约 100mm。

（6）缓慢打开烧嘴前煤气旋塞阀直至点燃。

（7）如果烧嘴点不着或点着又灭，则停止点火，立即关闭该烧嘴煤气阀门，查明原因，处理完毕后排空 15min，再按上述步骤点火。

（8）烧嘴点燃后，适当调整空燃比，使烧嘴燃烧情况达到正常。

（9）关闭各段煤气放散阀。

（10）烧嘴必须逐个点燃，有临近的烧嘴必须有专人监护方可引燃。全部烧嘴点燃后逐个调节，待燃烧正常后切换至工控机控制。

（11）调整烟道闸板位置，保持炉膛微正压。

2.2.4.4　加热炉闭火程序

（1）关闭所有煤气烧嘴阀门。逐一确认关闭无误后，全部打开烟道闸板。

（2）各段煤气、空气执行器阀位必须保持一定的开度，手操器全处于手动状态。

（3）接到关闭煤气总阀门通知后，先用氮气管接通煤气管送氮气，然后打开各段煤气放散阀对管道内的煤气进行吹扫，确认吹扫干净后，关闭氮气阀门，在煤气管阀门处堵盲板。

（4）打开热风放散阀。

（5）炉温降到 500℃ 以下方可停风机。

2.2.4.5　过程监控

（1）按时检查炉体结构，以及煤气、空气阀门的严密性和烧嘴阀门的灵活性，发现问题及时采取措施进行处理。

（2）按时检查炉底水管及水梁的运行情况，确保出水温度小于 55℃。

（3）随时观察煤气、空气压力情况，如果煤气压力不稳定应及时与调度联系，了解原因及发展趋势，如煤气总管调前压力低于 4kPa 时即进入事故预案戒备状态，空气总管压力低于 5kPa 时应检查风机运行是否正常，进风口有无堵塞、管道上各阀门有无关闭，热风放散阀是否关闭。

（4）定期检查烧嘴燃烧情况和换热器前后温度，发现异常及时采取应对措施。

2.2.4.6 应急措施

（1）当煤气总管调前压力低于 4kPa 时，各段调节转换至手动状态，在煤气压力降低的同时要同比例降低空气压力，空气调节阀应保留至少 1/5 的阀位。

（2）煤气总管压力应保证调前不小于 3.2kPa、调后不小于 2.8kPa，如果压力下降到最低限并有继续下降的趋势时，视下降的幅度值确定关闭烧嘴的个数；调前煤压低于 2.5kPa 时，立即启动报警，关闭全部烧嘴。

（3）当调前煤压不大于 3.2kPa 时，严禁使用调节煤气支管执行器限制煤气流量的方法，应先减少空气量，后调煤气量，严禁比例失调，以保证烧嘴的正常燃烧。

（4）发生黏钢事故时，炉子不能降温，可适当提高均热段炉温，加快出钢速度；已经黏结而处理不开的坯料，应及时吊走以免影响正常出钢。待事故处理好后，方可正常调火。

2.2.4.7 煤气着火事故的处理

（1）煤气管道直径在 150mm 以下，可直接关闭煤气碟阀熄火。

（2）煤气管道直径在 150mm 以上，应逐渐关小煤气碟阀，降低着火处的煤气压力，但不得低于 50~100Pa；火势减小后，再通入氮气熄火，严禁突然关死煤气碟阀（注意：当着火事故时间太长、煤气设备烧红时，不得用水冷却）。

（3）煤气泄漏时执行危险源点的预防措施。

（4）停电、停水、停煤气、防爆时应立即执行加热炉突发事故预案。

2.3 轧 材 轧 制

2.3.1 轧制工艺

2.3.1.1 轧制及其实现的条件

轧制又称压延，是指金属通过旋转的轧辊间受到压缩而产生塑性变形的压力加工过程。

A 轧制的目的

轧钢工序的两个任务是精确成型和改善组织、性能，因此轧制是保证产品实物质量的一个中心环节。

在精确成型方面，要求产品形状正确，尺寸精确，表面完整光洁。对精确成型有决定性影响的因素是孔型设计和轧机调整，变形温度、速度规程（通过对变形抗力的影响）和轧辊工具的磨损等也对精确成型有很重要的影响。为了提高产品尺寸的精确度，必须加强工艺控制，不仅要求孔型设计合理，而且也要尽可能保持轧制变形条件稳定，主要是温度、速度及前后张力等条件的稳定。

在改善钢材性能方面，有决定性影响的因素是变形的热动力因素，主要是变形温度、变形速度和变形程度。

变形程度与应力状态对产品组织性能的影响，一般来说，变形程度越大，三向压力状态越强，对于热轧钢材的组织性能越有利。这是因为：

（1）变形程度大，应力状态强，有利于破碎金属内部合金成分的枝晶偏析及碳化物，且有利于改变其铸态组织。因此，需采用轧制或锻造，以较大的总变形程度进行加工，才能充分破碎铸造组织，使钢材组织致密，碳化物分布均匀。

（2）为改善力学性能，必须改善金属的铸造组织，使钢材组织致密，即要保证一定的总变形程度，也就是保证一定的压缩比。

（3）在总变形程度一定时，各道变形量的分配对产品质量也有一定的影响。这是考虑钢种再结晶的特性，如果是要求细致均匀的晶粒度，就必须避免落入使晶粒粗大的临界压下量范围内。

轧制温度规程要根据有关塑性、变形抗力和钢种特性等数据来确定，以保证产品正确成型而不出现裂纹，组织、性能合格及力能消耗少。轧制温度的确定主要包括开轧温度和终轧温度的确定。开轧温度的确定必须以保证终轧温度为依据；终轧温度因钢种不同而不同，它主要取决于产品技术要求中规定的组织性能。

变形速度或轧制速度主要影响到轧机产量，因此提高轧制速度是现代轧机提高生产率的主要途径之一。但轧制速度的提高受到电机能力、轧机设备及温度、机械自动化水平以及咬入条件和坯料规格等一系列设备和工艺因素的限制，轧制速度或变形速度通过硬化和再结晶的影响也对钢材组织性能产生一定的影响。此外，轧制速度的变化通过摩擦系数的影响，还经常影响到钢材尺寸精确度等质量指标。

B　实现轧制过程的条件

a　咬入条件

依靠旋转的轧辊与轧件之间的摩擦力，轧辊将轧件拖入轧辊之间的现象称为咬入。为使轧件进入轧辊之间实现塑性变形，轧辊对轧件必须有与轧制方向相同的水平作用力。

轧件的咬入过程如图 2-1 所示。

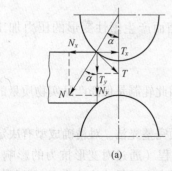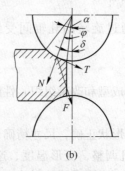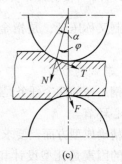

图 2-1　咬入过程

　　轧件首先与轧辊在圆周上的两点接触，如图 2-1（a）所示，受到轧辊对其的作用力 N，同时由于两者之间存在摩擦，轧辊对轧件的摩擦力试图将轧件拖入轧辊之间，对其作用有摩擦力 T。显然，欲使轧辊咬入轧件，必须满足：

$$\sum F_x = T_x - N_x > 0$$

　　　　因为　　　　　　　　　　$N_x = N\sin\alpha;\quad T_x = Nf\cos\alpha$

式中　α——咬入角；

　　　f——轧辊与轧件间的摩擦系数。

　　　　所以　　　　　　　　　　　$Nf\cos\alpha - N\sin\alpha > 0$

　　简化可得　　　　　　　　　　　　　$\tan\alpha < f$

　　　　而　　　　　　　　　　　　　　$f = \tan\beta$

式中　β——摩擦角。

故可得 $\alpha < \beta$。

　　由此可得出结论：轧件被轧辊自然咬入应满足咬入角 α 小于摩擦角 β。

　　b　稳定轧制条件

　　当轧件被轧辊咬入后开始逐渐充填辊缝，如图 2-1（b）、（c）所示，在轧件充填辊缝的过程中，轧件前端与轧辊轴心连线间的夹角 δ 不断减小，当轧件完全充满辊缝时，$\delta = 0$，开始进入稳定轧制阶段。

　　c　改变咬入条件的途径

　　根据咬入条件 $\alpha < \beta$ 可得出：凡是能增大 β 角的一切因素和减小 α 角的一切因素都有利于咬入。

　　　　由于　　　　　　　　　　$\alpha = \arccos(1 - \Delta h / D)$

式中　Δh——压下量；

　　　D——轧辊直径。

　　那么，为降低 α 角，就可以增大轧辊直径 D 和减小压下量 Δh。

　　实际生产中常用的降低 α 角的方法有：

　　（1）以小头先送入轧辊或以带楔形的钢坯进行轧制，此时对应的咬入角较小。

　　（2）强迫咬入，即用外力将轧件强制送入轧辊中，如利用夹送辊。外力作用使轧件前端压扁，相当于减小接触角，从而改善咬入条件。

　　提高摩擦系数或摩擦角是较复杂的，因为在轧制条件下，摩擦系数决定于许多因素，如工具、变形金属的表面状态和化学成分，接触表面的单位压力，温度条件，轧制速度，工艺润滑剂等。

　　实际生产中主要从以下两个方面改善咬入条件：

　　（1）改变轧件或轧辊的表面状态，以增大摩擦角。如清除坯料上的氧化铁皮（钢坯表面的氧化铁皮使摩擦系数降低）；也可在孔型车削时有意使轧槽表面粗糙或使用前在槽孔上刻痕，以增大摩擦系数。

　　（2）合理调整轧制速度。实践表明，摩擦系数是随轧制速度的提高而降低的。因此，可以实现低速自然咬入，之后随着轧件进入辊缝使咬入条件好转，再逐渐提高轧制速度达到稳定的轧制状态。

2.3.1.2   连轧常数及拉钢系数

A   连轧常数

一根轧件同时在两架以上轧机中进行轧制，并保持在单位时间内通过各架轧机的轧件体积相等，称为连轧。

连轧各机架依次顺序排列，轧件同时通过数架轧机进行轧制，各个机架通过轧件相互联系，从而使轧制的变形条件、运动条件和力学条件等都具有一系列特点。

由于轧件依次顺序通过各道轧机，轧件依靠上一机架的作用力的水平分力进入下一机架（在此期间进、出口导卫对其有一定的侧向约束作用），因此要确保每一机架对进入该道次的轧件顺利咬入。这就要求合理的工艺、孔型设计，同时要保证轧件头部形状和尺寸的正确性。通常连轧生产线中都设有 2~3 台飞剪，用于轧件的切头、切尾和事故状态下的碎断。

连续轧制时，随着轧件断面的缩小，其轧制速度递增，要保持正常的轧制条件就必须遵守轧件在轧制线上每一机架的秒流量保持相等的原则。其关系式为：

$$F_1 v_1 = F_2 v_2 = \cdots = F_n v_n = C$$

式中 F_1，F_2，$\cdots$，F_n——分别为轧件通过各机架时的轧件断面面积；

v_1，v_2，$\cdots$，v_n——分别为轧件通过各机架时的轧制速度；

C——各机架轧件的秒流量；

1，2，$\cdots$，n——机架序号。

此式还可简化为 $F_1 D_1 N_1 = F_2 D_2 N_2 = \cdots = F_n D_n N_n = C$

式中 D_1，D_2，$\cdots$，D_n——分别为各机架的轧辊工作直径；

N_1，N_2，$\cdots$，N_n——分别为各机架的轧辊转速。

轧件在各机架轧制时的秒流量相等，即为一个常数，这个常数称为连轧常数。以 C 代表连轧常数时有：

$$C_1 = C_2 = \cdots = C_n = C$$

影响金属秒流量的因素：一个是轧件断面面积，另一个是轧制速度。

轧件断面面积一旦调整好就固定不变（实际上，由于有摩擦而存在磨损，孔型面积有不断变大的趋势），只有通过调整轧制速度来满足金属秒流量平衡关系。

轧件上的张力变化是由于轧件通过相邻机架的金属秒流量差引起的，所以调整各机架轧制速度就可以改变金属轧件的秒流量，从而达到控制张力的目的。但在实际应用中，轧件面积无法给出精确的数值，故一般采用金属延伸系数的概念来加以描述。

在连续小型棒材轧机中，n 机架的延伸系数 R_n 应等于 n 机架的速度和 $n-1$ 机架速度之比，即

$$R_n = \frac{v_n}{v_{n-1}}$$

根据上式，只要给出基准机架的轧制基准速度和各机架的延伸系数，就可求出各机架的轧制速度，据此进行各机架的速度设定。但是，因为操作者给出的延伸系数 R_n 带有经验性，加上轧制每根钢坯的具体条件和状况，如外形尺寸和温度变化等不可能完全一样，其结果导致上述关系遭到破坏，所以连续轧制过程中为了维持上述关系新的平衡，均在控

制系统中设置了微张力控制和活套调节功能。

微张力控制和活套调节都属于张力控制的范围。微张力控制一般用在轧件断面大、机架间距小、不易形成活套的机架之间，如粗轧机组和中轧机组中；而活套无张力调节则是用在轧件断面小、易于形成活套的机架之间，如精轧机组中。

轧制速度按控制方向有逆调和顺调之分。对于单线连续轧机，采用逆调较为合理，即选用最后精轧机架为基准机架，逆轧制线方向调节上游机架的轧制速度，以此来控制全轧线的轧制张力。

与顺调相比，逆调有以下优点：

（1）可以减少精轧机基准机架后的辅助传动的速度波动。

（2）上游机架轧辊速度较下游机架慢些，与顺调相比系统动特性可以得到一些改善。

B 拉钢系数

在连续轧制时，保持理论上的秒流量相等使连轧常数恒定是相当困难的，甚至是办不到的。为使轧制过程能够顺利进行，常有意识地采用堆钢或拉钢的操作技术。

拉钢轧制有利也有弊，有利是说不会出现因堆钢而产生的事故，有弊是指轧件头、中、尾尺寸不均匀，特别是在精轧机组，将直接影响到成品质量，使轧件的头尾尺寸超出公差范围。

小型棒材连轧的过程中，一般在设有活套器的机架间采用活套轧制，即无张力轧制。而在其他机架之间采用轻微拉钢轧制，即微张力轧制。

拉钢系数是拉钢或堆钢的一种表示方法。以 K_n 代表第 n 道次拉钢系数，则有：

$$K_n = F_n D_n N_n (1 + S_n) / F_{n-1} D_{n-1} N_{n-1} (1 + S_{n-1}) = C_n / C_{n-1}$$

当 $K_n < 1$ 时，为堆钢轧制；当 $K_n > 1$ 时，为拉钢轧制。

拉钢率是堆钢与拉钢的另一种表示方法。以 ε_n 代表第 n 道次的拉钢率，则有：

$$\varepsilon_n = (C_n - C_{n-1}) / C_{n-1} \times 100\% = (C_n / C_{n-1} - 1) \times 100\% = (K_n - 1) \times 100\%$$

当 $\varepsilon_n < 0$ 时，为堆钢轧制；当 $\varepsilon > 0$ 时，为拉钢轧制。

从理论上讲，连续轧制时各机架的秒流量相等，连轧常数是恒定的。在考虑前滑影响后这种关系仍然存在。但当考虑了堆钢和拉钢的操作条件后，实际上各机架的秒流量已不相等，连轧常数已不存在，而是在建立了一种新的平衡关系情况下进行生产的。

2.3.1.3 轧钢工艺制度

轧钢工艺制度主要包括温度制度、轧制制度和冷却制度。

A 温度制度

在轧钢之前要将原料进行加热，其目的在于提高钢坯的塑性，降低变形抗力及改善金属内部组织和性能，以便于轧制加工，即一般要将钢加热到奥氏体单相固溶体组织的温度范围内，并使之有较高的温度和足够的时间以均化组织及溶解碳化物，从而得到塑性高、变形抗力低、加工性能好的金属组织。

一般情况下为了更好地降低变形抗力和提高塑性，加工温度应尽量高一些。但是高温及不正确的加热制度可能造成钢的强烈氧化、脱碳、过热、过烧等缺陷，降低钢的质量，导致废品。因此，钢的加热温度主要应根据各种钢的特性和压力加工工艺要求，从保证钢材质量和产量出发进行确定。

　　温度制度规定了轧制时的温度范围，即开轧温度和终轧温度。开轧温度是轧制过程中第一道次的轧制温度，终轧温度是轧制最后一道次的轧出温度。在连续小型生产中，开轧温度一般在 1050~1150℃，终轧温度一般在 950~1000℃左右。

　　坯料的加热时间长短不仅影响加热设备的生产能力，同时也影响钢材的质量。即使加热温度不过高，也会由于时间过长而造成加热缺陷。合理的加热时间取决于原料的钢种、尺寸、装卸温度、加热速度及加热设备的性能与结构。

　　B　轧制制度

轧制制度主要包括变形制度和速度制度。

　　a　轧制过程中的横变形——宽展

　　在轧制中轧件的高度方向受到轧辊的压缩作用，压缩下来的金属，将按最小阻力定律移向纵向及横向，由移向横向的体积所引起的轧件宽度的变形称为宽展。正确估计轧制中的宽展是保证断面质量的重要一环。在棒材生产中，如果计算宽展大于实际宽展，则孔型充填不满，造成很大的椭圆度；如果计算宽展小于实际宽展，则孔型充填过满，形成耳子。以上两种情况均造成轧制废品。

　　在不同的轧制条件下，坯料在轧制过程中的宽展形式是不同的。根据金属沿横向流动的自由程度，宽展分为自由宽展、限制宽展和强迫宽展。

　　自由宽展是指坯料在轧制过程中，被压下的金属体积其金属质点横向移动时，具有向垂直于轧制方向的两侧自由移动的可能性。此时，金属流动除受接触摩擦的影响外，不受其他任何（如孔型侧壁等）阻碍和限制，结果表现出轧件宽度尺寸的增大。自由宽展时变形比较均匀，它是最简单的轧制情况。

　　限制宽展是指坯料在轧制过程中，金属质点横向移动时，除受接触摩擦的影响之外，还受孔型侧壁的限制，因而破坏了自由流动条件，这时产生的宽展称为限制宽展。限制宽展中形成的宽展量一般小于自由宽展时所形成的宽展量。

　　强迫宽展是指坯料在轧制过程中，金属质点横向移动时，不仅不受任何阻碍，反而受到强烈的推动作用，致使轧件宽度产生附加的增长，此时产生的宽展为强迫宽展。由于出现有利于金属质点横向移动的条件，所以强迫宽展大于自由宽展。

　　b　轧制过程中的纵变形——前滑和后滑

　　实践证明，轧制中在高度方向受到压缩的那部分金属，一部分向纵向流动，使轧件形成延伸，而另一部分金属向横向流动，形成宽展。轧件的延伸是由于被压下金属向轧辊入口和出口两个方向流动的结果。

　　在轧制过程中，轧件出口速度 v_h 大于轧辊在该处的线速度的现象称为前滑；而轧件进入轧辊的速度 v_H 小于轧辊在该点处线速度 v 的水平分量 $v\cos\alpha$ 的现象称为后滑。

　　通常将轧件出口速度 v_h 与对应点的轧辊圆周速度的线速度 v 之差与轧辊圆周速度的线速度之比，称为前滑值，即

$$S_h = (v_h - v)/v \times 100\%$$

式中　S_h——前滑值；

　　　　v_h——在轧辊出口处轧件的速度；

　　　　v——轧辊圆周速度的线速度。

　　而后滑值是指轧件入口断面轧件的速度 v_H 与轧辊在该点处圆周速度的水平分量 $v\cos\alpha$

之差同轧辊圆周速度水平分量 $v\cos\alpha$ 之比，即

$$S_H = (v\cos\alpha - v_H)/(v\cos\alpha) \times 100\%$$

式中　S_H——后滑值；

　　　v_H——在轧辊入口处轧件的速度；

　　　α——咬入角。

按秒流量相等的条件，则有：

$$F_H v_H = F_h v_h$$

或

$$v_H = F_h/F_H v_h = v_h/\mu$$

式中　μ——延伸系数。

根据前滑值定义公式 $v_h = v(1 + S_h)$，代入可得：

$$v_H = v/[\mu(1 + S_h)]$$

代入后滑值定义公式可得：

$$\mu = (1 + S_h)/[(1 - S_H)\cos\alpha]$$

由以上公式可知，前滑和后滑是延伸的组成部分。当延伸系数 μ 和轧辊圆周速度 v 已知时，轧件进出轧辊的实际速度 v_H 和 v_h 决定于前滑值 S_h，或知道前滑值便可求出后滑值 S_H。此外还可看出，当延伸系数 μ 和咬入角 α 一定时，前滑值增加，后滑值就必然减小。影响前滑的因素很多，主要表现在：

（1）压下率。前滑随压下率的增加而增加。其原因是由于多向压缩变形增加，纵向和横向变形都增加，因而前滑值增加。

（2）轧件厚度。轧后轧件厚度减小时前滑增加。

（3）轧辊直径。前滑值随辊径增加而增加。这是因为在其他条件相同的条件下，当辊径增加时，咬入角就要减小，而摩擦角保持常数，所以稳定轧制阶段的剩余摩擦力就增加，由此将导致金属塑性流动速度的增加，也就是前滑的增加。

（4）摩擦系数。在压下量及其他工艺参数相同的条件下，摩擦系数越大，其前滑值越大。

（5）张力。前张力增加时，金属向前流动的阻力减小，从而增加前滑区，使前滑增加。反之，存在后张力时，则后滑区增加。

（6）孔型形状。因为沿孔型周边各点轧辊的线速度不同，但由于金属的整体性轧件横断面上各点又必须以同一速度出辊，这就必然引起孔型周边各点的前滑值不一样，所以轧制时所使用的孔型形状对前滑值有影响。

影响金属在变形区内沿纵向及横向流动的因素很多，但都是建立在最小阻力定律及体积不变定律的基础之上的。

c　轧件在变形区内各断面上的运动速度

当金属由轧前高度 H 轧到轧后高度 h 时，由于进入变形区后高度逐渐减小，根据体积不变条件，变形区内金属质点运动速度不可能一样。金属各质点之间以及金属表面质点与工具表面质点之间就有可能产生相对运动。

设轧件无宽展，且沿每一高度断面上质点变形均匀，其运动的水平速度一样。此情况下，根据体积不变条件，轧件在前滑区相对于轧辊来说，超前于轧辊，而在出口处的速度 v_h 为最大；在后滑区，轧件速度落后于轧辊线速度的水平分速度，并在入口处的轧件速度

v_H为最小；在中性面上，轧件与轧辊的水平分速度相等，并用表示在中性面上的轧辊水平分速度。由此可得出：

$$v_h > v > v_H$$

变形区任意一点轧件的水平速度可以用体积不变条件计算，也就是在单位时间内通过变形区内任一断面上的金属体积应为一个常数，即金属秒流量相等。每秒通过入口断面、出口断面及变形区内任一横断面的金属流量可用下式表示：

$$F_H v_H = F_x v_x = F_h v_h = 常数$$

式中　F_H，F_h，F_x——分别为入口断面、出口断面及变形区内任一断面的面积；

　　　v_H，v_h，v_x——分别为入口断面、出口断面及变形区内任一断面上的金属平均运动速度。

2.3.2　孔型系统

2.3.2.1　孔型及其构成

以钢坯（或钢锭）为原料来轧制各种不同断面的产品，通常要在一组（架）轧机上经若干道次轧制，使金属逐渐变形，最后得到所需形状与尺寸的产品，为此必须在轧辊上按需要加工出轧槽，这种由两个或两个以上的轧槽在通过轧辊轴线的平面上投影所构成的形状称为孔型。

孔型主要由以下几部分构成：

（1）辊缝。辊缝可以防止轧辊彼此的直接接触，避免互相磨损和由此增加的能量消耗。在许多情况下，调整辊缝值的大小可改变孔型的尺寸，这在提高孔型的共用性和节约轧辊备用量方面是很有价值的。但辊缝值过大会使轧槽变浅，起不了限制金属流动的作用，使轧件形状不正确。

（2）孔型侧壁斜度。任何孔型的侧壁都需保持一定的斜度，以便在孔型磨损后，能在原有轧槽位置上稍经车削即可使形状和尺寸得到复原。此外，孔型侧壁斜度还有利于使轧件进、出槽孔。

（3）孔型的圆角。除有特殊要求外，孔型的内、外棱角处通常都必须进行适当的圆化。圆角又可分为内圆角和外圆角。内圆角可防止轧件角部的急剧冷却，减轻应力集中。外圆角有调节轧件在孔型中充满程度的作用，防止由于宽展量的增加在孔型内过充满而形成"耳子"，这样可避免轧件在继续轧制时形成折叠，同时外圆角也可起到避免尖锐的棱角划伤轧件的作用。

（4）锁口。当采用闭口孔型及轧制某些异形型钢时，为控制轧件的断面形状而使用锁口。用锁口的孔型，其相邻道次孔型的锁口一般是上下交替出现的。

2.3.2.2　常用延伸孔型系统及其特点

采用何种孔型系统，要根据具体的轧制条件，包括坯料形状、尺寸、轧制产品、钢种、轧机形式、电机能力、辅助设备、轧辊直径、技术装备水平等来确定。

常用孔型系统有：

（1）箱形孔型系统。它运用于小型棒材或线材轧机的粗轧。其特点有：

1）用改变辊缝的方法轧制多种尺寸不同的轧件，共用性好；可减少孔型数量，减少换辊换槽次数，提高作业率。

2）与等面积的其他孔型相比，箱形孔型刻槽浅，故轧辊强度较高，可满足较大的变形量。

3）沿轧件宽度方向的变形均匀，故孔型磨损均匀，且变形能耗小。

4）易于脱落轧件上的氧化铁皮，改善轧件表面质量。

5）轧件断面温度比较均匀。

6）因箱形孔型的形状特点，难以轧出几何形状精确的轧件。

7）由于轧件在孔型中仅受两个方向的压缩作用，故其侧表面不易平直。

8）箱形孔型中轧制的轧件，因侧壁斜度设计不合适，易产生倒钢现象，增加导卫消耗，并产生刮丝缺陷。

箱形孔型中的延伸系数一般为 1.15~1.6，其平均延伸系数可取 1.15~1.4。

（2）椭圆—圆孔型系统。其特点有：

1）可由中间道次孔型出成品螺纹钢，因此可减少换辊操作。

2）轧件无明显棱角，温度均匀。

3）轧件在孔型中的变形较均匀，形状过渡平滑，可减少局部应力集中。

4）在这种孔型中轧制有利于脱落表面氧化铁皮。

5）延伸系数较小，导致轧制道次增加。

6）椭圆进入圆孔型轧制时轧件不稳定，易倒钢，对导卫要求严格。

7）轧件在圆孔型中轧制易出现耳子等表面缺陷。

这种孔型系统的延伸系数一般为 1.1~1.5。

（3）无孔型轧制。无孔型轧制是在不刻槽的平辊中，通过方—矩形变形过程，断面减小到一定程度，再通过一定数量的精轧孔型，最终轧制成方、圆、扁等断面的轧件。无孔型轧制时，辊缝高度即为自由宽展后的轧件宽度，没有孔型侧壁对轧件的作用。无孔型轧制的特点有：

1）因轧辊上无孔型，改变产品规格时，仅通过调节辊缝即可实现，故提高了轧机作业率。

2）轧辊上不刻槽，轧辊辊身特别是外层硬度层能充分利用，可使辊身的有效利用长度提高到 75%~80%，每个轧制部位的耐久性可比有孔型轧制提高 1.5 倍，使轧辊使用寿命提高 3~4 倍。

3）轧件在平辊上轧制，不会出现耳子、欠充满、孔型轴错等有孔型轧制中的缺陷。

4）可大幅度降低轧辊车削时的金属消耗量，使轧辊加工的工时减少 5 倍，加工成本降低 1.5~2 倍，且车削加工简单。

5）因减少了孔型侧壁的限制作用，沿宽度方向变形均匀，因此降低变形抗力，可节约能耗。

6）有利于去除轧件表面的氧化铁皮。

7）轧件在一对平辊间轧制，失去了孔型侧壁对其的夹持作用，易出现歪扭脱方现象。

2.3.2.3　典型产品孔型设计的分析

以 150mm×150mm 方坯生产 ϕ14mm 圆钢产品为例,分析这种典型产品的孔型。

圆钢 ϕ14mm 产品,其轧制速度保证值为 18m/s,小时生产量为 73.7t,每支钢坯轧制间隔时间为 5s,纯轧时间为 79.6s,轧制总延续时间为 139.5s,总延伸系数为 146.2,平均延伸系数为 1.32,该产品需轧制 18 道次。图 2-2 所示为 ϕ14mm 产品孔型系统示意图。

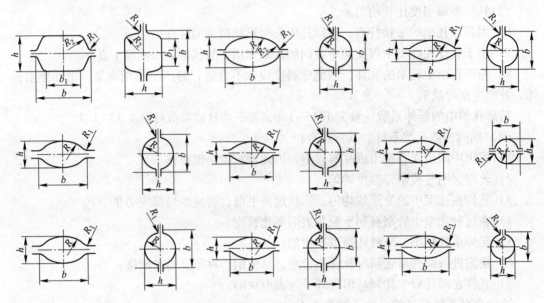

图 2-2　ϕ14mm 产品孔型系统

A　箱形孔型

粗轧 1、2 架采用箱形孔型,该种孔型在轧辊上的刻槽较浅,这样降低了轧辊所受应力,相对地提高了轧辊的强度,可增大压下量。

粗轧前几道次采用箱形孔对轧制大断面的轧件是有利的,而且在孔型中轧件宽度方向上的变形比较均匀,轧辊刻槽较浅,可满足大的压下量轧件。但在这种孔型中轧制,金属只能受两个方向的加工,且由于该孔型存在有侧壁斜度,轧出的矩形断面不够规整。该孔型采用的孔型侧壁斜度为 y=15.0%~20.0%。孔型的侧壁斜度对轧件有扶正的作用,其值如果设计合理,不仅可提高轧件在孔型中的稳定性,易使轧件脱槽,而且还可提高咬入角,增加咬入能力。

箱形孔型槽底宽度 b_1 值要使咬入开始时轧件首先与孔型侧壁四点接触,产生一定的侧压以夹持轧件,提高稳定性和咬入能力。但 b_1 值太大会产生无侧压作用,导致稳定性差;而 b_1 值过小,侧压过大,会使孔型磨损太快或出耳子,从而影响轧件质量。

在设计中,箱形孔型的延伸系数选用 μ=1.25~1.5。

B　平椭圆孔型

粗轧第 3 架采用弧底平椭圆孔型,这道孔型是由箱形孔型进入后续的椭圆—圆孔型的过渡孔型,是变态的椭圆孔。它减轻了由箱形孔进入圆孔型轧制而引起的轧件断面形状巨变,以及由此产生的圆孔型的过度磨损,而且进入下一道圆孔型比椭圆断面轧件进入圆孔型有较好的稳定性和较大的延伸系数。设道次延伸系数 $\mu = 1.42 \sim 1.46$。同时，平椭圆孔型有利于进一步除去轧件表面的氧化铁皮，改善轧件表面质量。

　　C　椭圆—圆孔型

　　从粗轧第 5 架至精轧第 18 架，采用椭圆—圆孔型系统。此系统中轧件在轧制前后的断面形状过渡缓和，所轧出的断面光滑无棱。但这种系统中圆孔型对来料尺寸波动适应能力差，易出耳子和欠充满，对调整要求较高，而且延伸系数也不大，特别是在精轧道次。对于 $\phi14mm$ 螺纹钢产品平均延伸系数 $\mu_p = 1.21$。因椭圆—圆孔型系统的延伸小，以往应用不太广泛，但在轧制优质或高合金钢时，采用这种孔型系统能提高产品的表面质量，虽然轧制道次有所增加，但可减少精整工作量和提高成品率，从经济上来说是合理的。随着棒材连轧技术的发展，椭圆—圆孔系统的应用已逐渐扩展，而且在轧线上设置飞剪，切去轧件头部的缺陷，更有利于实现轧制的自动化。

　　另外，对于轧制圆钢与轧制相同尺寸的螺纹钢仅在成品前孔不同，其成品前孔变为平椭圆孔型，而不是椭圆孔型。其延伸系数与螺纹钢轧制时延伸系数比较见表 2-3。

表 2-3　圆钢与螺纹钢延伸系数比较

坯料尺寸/mm×mm	道次	$\mu_圆$	$\mu_螺$	坯料尺寸/mm×mm	道次	$\mu_圆$	$\mu_螺$
120×120	K_1	1.15~1.17		150×150	K_1	1.16~1.18	1.2~1.4
	K_2	1.20~1.22			K_2	1.10~1.30	1.1~1.2

　　从表 2-3 可得：对于圆钢产品，K_2 与 K_1，相比延伸系数变化不大，K_1 略小；对于螺纹钢产品，K_1 孔延伸系数较 K_2 孔延伸系数要大，使得金属在螺纹孔型 K_1 中充满，形成正常的符合要求的筋肋。

　　椭圆轧件进入圆孔型轧制，孔型侧壁对轧件夹持力小，当轧件轴线稍有偏斜时即产生倒钢，稳定性差，对导卫要求较高。因此，小型棒材连轧生产线中，由椭圆进入圆孔型轧制时，入口导卫都采用滚动式，以提供足够的夹持力，保证轧件以正确的方式进入下一道次轧制。再者，孔型侧壁对宽展的限制作用小，圆孔型中的宽展大，但与其他孔型相比，在圆孔型中留有的宽展空间尺寸小，允许宽展的变形量也就小，因此，这一方面限制了延伸系数，另一方面容易出耳子。

　　椭圆孔型的参数 h、b 与其后圆孔型参数 d 的关系由于所用的经验数据不同，所设计的孔型不外乎是薄而宽或厚而窄的椭圆，只要掌握压下与宽展的关系，灵活运用，通过轧制时的调整，都能轧出合格的产品。

　　对于 $\phi14mm$ 的产品：

$$h = (0.65 \sim 0.85)d$$
$$b = (1.50 \sim 2.30)d$$

　　实践证明，只用一个半径绘制出的螺纹钢孔型，是难以轧出合格螺纹钢的，这是因为在这种孔型中，轧制条件如轧制温度、孔型磨损以及来料尺寸等微小波动，都会形成耳子或欠充满，此时，为得到合格成品，就必须不停地调整，从而使调整操作困难。为消除上述缺点，应将螺纹钢孔设计成孔型高度小于孔型宽度，即带有扩张角少的圆孔型。但现常用的圆孔型则是带有弧形侧壁的孔型，而这种带直线侧壁的圆孔型，由于两侧壁为直线形状而增加了出耳子的敏感性。

孔型高度为 $$h = \alpha d$$

式中　α——线膨胀系数，对于普碳钢 $\alpha = 1.011 \sim 1.015$，终轧温度高，取上限。

孔型圆弧半径为 $$R = h/2$$

槽口宽度为 $$b = 2R/\cos\psi - s\tan\psi$$

式中　s——辊缝；

　　ψ——扩张角。

扩张角 $\psi = 30°$，则：

$$b = 2.31R - 0.577s$$

对于成品圆孔 K_1 的设计，采用单一半径的圆孔。槽口圆角和辊缝选用较小的数值。通过延伸孔型和成品前孔精确的轧制，在此道次采用较小的延伸系数（如 $\phi 4mm$ 产品，K_1 孔的延伸系数 $\mu = 1.16$），这样也有利于调整而轧制出合格的成品。

辊缝值具有补偿轧辊弹跳、保证轧后轧件高度、补偿轧槽磨损、增加轧辊使用寿命、提高孔型共用性的作用，即通过调整辊缝可得到不同断面尺寸的孔型；同时方便轧机的调整，且减小轧辊切槽深度。

在不影响轧件断面形状和轧制稳定性的条件下，辊缝值 s 越大越好，但在接近成品孔型的几个孔型中，辊缝不能太大，否则会影响轧件断面形状和尺寸的正确性。

成品孔型辊缝值 s 与产品规格的关系见表 2-4。

表 2-4　成品孔型辊缝值 s 与产品规格的关系

产品规格/mm	s/mm
$\phi 10 \sim 17$	1.0
$\phi 18 \sim 30$	1.5
$\phi 32 \sim 40$	2.0

槽口圆角可避免轧件在孔型中略有过充满时，形成尖锐的耳子，同时当轧件进入孔型不正时，它能防止辊环刮切轧件侧表面而产生的刮丝缺陷。

螺纹钢成品孔型的槽口圆角 r 与产品规格的关系见表 2-5。

表 2-5　螺纹钢成品孔型的槽口圆角 r 与产品规格的关系

产品规格/mm	r/mm
$\phi 10 \sim 11$	1.5
$\phi 12 \sim 25$	2.0
$\phi 26 \sim 30$	2.5
$\phi 32 \sim 40$	3.0

2.3.2.4　切分孔型轧制

A　切分轧制的概念

切分轧制，就是在轧制过程中把一根钢坯利用孔型的作用，轧成具有两个或两个以上相同形状的并联轧件，再利用切分设备或轧辊的辊环将并联轧件沿纵向切分成两个或两个以上的单根轧件。

在小型棒材的生产中，直径小于16mm的钢筋占总产量的60%左右。而棒材的生产率随直径的减小而降低。再者，由于棒材的生产率随产品规格的不同而波动，使连铸连轧工艺的实现变得困难。因为连铸连轧的一个重要条件是炼钢、连铸和轧钢的生产能力必须相匹配，所以要使轧制各种直径的棒材生产率基本相等，以实现棒材的连铸连轧，就必须提高小规格棒材的生产率。

近来新建的小型棒材生产线在生产小规格产品如φ10~16mm时常采用两线、三线或四线切分轧制。φ10mm、φ12mm产品采用两线切分轧制时，其小时产量在75t/h以上，与其他单线生产的产品小时产量相接近。这样既便于轧制节奏的均衡，又在不增加轧制道次的前提下提高了产量，且充分发挥了轧机设备的生产能力。

切分轧制的工艺关键在于切分装置工作的可靠性、孔型设计的合理性、切分后轧件形状的正确性以及产品实物质量的稳定性。

B 切分轧制的特点

切分轧制具有以下特点：

（1）可大幅度提高轧机产量。对小规格产品，用多线切分轧制缩短了轧件长度，缩短了轧制周期，从而提高了生产率。即使采用较低的轧制速度，也能得到高的轧机产量。

（2）可使不同规格的产品生产能力均衡，为连铸连轧创造条件。因为炼钢连铸的能力相对稳定，而轧钢能力波动大，采用切分轧制可以保证多种规格棒材的轧制能力基本相等，从而为连铸连轧生产创造有利条件。

切分轧制不仅使不同规格产品的轧制生产能力均衡，而且可使轧机、冷床、加热炉及其他辅助设备的生产能力得到充分发挥。

（3）在轧制条件相同的情况下，可以采用较大断面的坯料；或在相同坯料断面情况下，减少轧制道次，减少设备投资。

（4）节约能源，降低成本。轧钢总能耗的80%左右用于钢坯加热，由于切分轧制为连铸连轧提供了可能性，因此可节约大量能源。而且，因轧制道次少，钢坯的出炉温度可适当降低，为低温轧制创造了有利条件。切分轧制时燃料可节约20%~30%，电能可节约15%，水和其他吨钢消耗指标都有所降低。

但切分轧制仍存在一定的问题，采用此项技术必须严格按工艺制度进行操作。存在的主要问题有：

（1）切分带容易形成毛刺，如果处理不当有可能形成折叠。因此，棒材连轧生产中切分轧制多用于轧制螺纹钢筋产品。

（2）坯料的缩孔、夹杂和偏析多位于中心部位，经切分后易暴露至表面，形成表面缺陷。

（3）当用切分装置分开并联轧件时，由于轧件受切分刀片的剪切力，剪切后轧件易扭转，影响轧件断面形状和切分质量。因此，应当调整好进、出口导卫位置和切分装置间距，保证轧件不被切偏。

切分孔型设计中需注意的问题是：

（1）充分考虑轧机弹跳。因为要求并联轧件的连接带很薄，一般为0.5~4mm，如果弹跳值过大，则不能保证切分尺寸的要求。

（2）切分孔型的楔角应大于预切孔的楔角，以保证楔子侧壁有足够的压下量和水平分力。楔角取值60°左右。

（3）楔子角度和尖部的设计要满足楔子头部耐磨损、耐冲击的要求，防止破损。

（4）切分楔子尖部应低于辊面（低0.4mm），保证尖部不被碰坏。

（5）连轧切分时，要精确计算轧件断面，确保切分后轧件在各机架间和两根轧件在同一机架上的秒流量相等，或使堆拉系数达到所设定的数值，减少轧件间相互堆拉而产生的生产事故。

此外，还要考虑切分后有采用双线或多线轧制的设备条件；同时还要考虑钢坯质量状况，以防止切分后金属内部缺陷暴露于成品外表面。

2.3.3　导卫装置

2.3.3.1　轧机导卫装置

A　概述

导卫装置是型钢生产中必不可少的诱导装置，安装在轧辊孔型的入口和出口处。导卫装置的作用是引导轧件按所需的方向进出孔型，确保轧件按既定的变形条件进行轧制。

导卫装置的设计和使用正确与否，直接影响产品的质量和机组能力的发挥。使用正确的导卫装置可以有效地避免刮切、挤钢、缠辊等事故的发生，改善轧辊的工作条件，个别情况下还有使金属变形和翻转的作用。导卫装置按其用处可分为入口导卫和出口导卫；按其类型可分为滑动导卫和滚动导卫。

构成棒材轧机用导卫装置的主要部件有导卫梁、导板、导板盒、导管、导管盒、导辊、滚动导卫盒、扭转辊等其他能使轧件在孔型之外产生变形和扭转的装置。

B　滑动导卫

单纯以滑动摩擦的方式引导轧件进出孔型的导卫装置都可以称之为滑动导卫。滑动导卫结构简单、维护方便、造价低廉，使用中存在磨损快、精度低的缺点。在棒材生产中滑动导卫一般用于引导箱形和圆形等简单断面的轧件。

棒材轧机的滑动导卫按其设计方法的不同可分为粗轧滑动导卫和中、精轧滑动导卫。

a　粗轧滑动导卫

粗轧滑动导卫所引导的轧件断面较大，导卫所承受的侧向力大，导卫的设计采用整体焊接钢板结构，用高强度螺栓固定。

底座设计为双燕尾结构，分别为45°和60°，用压铁和两组螺栓固定于导卫梁上，其长度根据导卫梁的形状来确定。其他重要尺寸确定如下。

H：与导卫高度有关的尺寸，入口导卫侧板应高于轧件30~50mm。

Z：导卫过钢面与孔型底面有关的高度尺寸，一般粗轧导卫底面应低于孔型底面10~15mm，保证轧件能顺利地进出导卫。

ΔR：辊环与导板的间隙值，通常取 $\Delta R = 15 \sim 30$mm，使轧辊有足够的调整范围。

导卫的长度和宽度根据轧机的布置特点、机架间的距离来确定。

导卫用钢板的厚度根据强度要求取值，一般为30~60mm。

b　中、精轧滑动导卫

小型厂中、精轧滑动导卫入口主要由导板、导板盒构成，出口由导管、导管盒构成。

导板盒与导管盒是用来固定和调整导板和导管的整体框架，在其两侧和上方采用螺栓锁紧。其结构依靠导板和导管的尺寸来确定。

中、精轧滑动导卫孔型设计为方孔型，用于夹持圆形轧件，主要尺寸确定如下。

导板孔型宽度 a 的取值：一般比圆形轧件直径大 10~15mm。

导板孔型高度 b 的取值：一般为 b＝轧件直径/2＋(1~3)mm，对断面较大的轧件 b 取上限。

导板孔型直线部分长度 L_z 的取值：L_z 的尺寸在导板设计中极为重要，一般取决于轧件的大小和形状。如果诱导的轧件为圆形或断面较小，L_z 可适当取短一些。对于椭圆形轧件则应视情况而定。在能扶正轧件的情况下，越短越好，L_z 过长，会使轧件在导板中受到的阻力过大，进入孔型困难，但 L_z 过短，则难以扶正轧件。一般中、精轧用导板 L_z 的取值为 60~120mm，圆形小断面轧件取下限。

导板的长度和高度应根据机架的布置特点和导板的强度来确定。

滑动导卫设计和使用的重点是选择合适的材质和具有良好的共用性。传统的导板材质一般为球墨铸铁，目前随着粉末冶金、复合镀层、激光淬火等新技术的应用，导板的材质趋于多样化，但大体上向着高镍铬合金、高的耐磨性方向发展。

良好的共用性，可以大大减少备件储备，节省费用，并使修复与重加工的次数增加。

C 滚动导卫

滚动导卫是一种以滚动摩擦为主并能将滑动摩擦加以综合利用的导卫装置。滚动导卫按不同的用途还有扭转导卫和切分导卫两种。

a 滚动导卫的结构

滚动导卫结构较为复杂，但其精度高，磨损小，对提高产品质量有良好的效果。在棒材生产中，滚动导卫用来夹持椭圆轧件及其他异形轧件，在某小型厂的棒材轧机上用于立式机架的入口。

滚动导卫主要由导卫盒、箱体、支架、导辊和导板等构成，如图 2-3 所示。

（1）导卫盒。导卫盒是用于安装滚动导卫的箱体，通过压板固定在导卫梁上。导卫盒上方的压块螺栓用来固定导卫。导卫可在盒子中纵向调整，使导卫与轧辊间距合适。

（2）箱体。箱体用来安装导辊支架与导板，自身不与红钢接触，但要承受冲击和振动。箱体材质的选择应充分考虑耐冲击韧性和抗变形能力，以使导板和导辊的调整尺寸保持稳定。

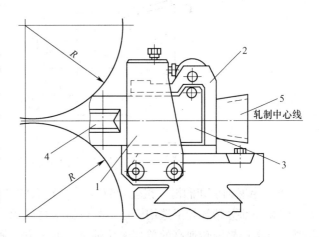

图 2-3 滚动导卫的结构
1—导卫盒；2—箱体；3—支架；4—导辊；5—导板

在设计中，应保证导辊支架与导板安装牢固，支架有足够的调整范围，并要有良好的水冷和润滑系统。此外还应有导辊调整平衡的装置。箱体为装配结构，尺寸的确定与轧件的大小、轧机的布置形式有关，形式可多种多样，但总的原则和要求是要便于使用和维护。

（3）支架。支架用于安装导辊，在箱体上靠转动轴定位，下方有碟簧平衡装置，可调节导辊的间隙与平衡。支架直接承受弹性变形和轧件厚度变化的冲击，因而在材质选择上有较高的要求，一般支架由弹簧钢锻造而成。

（4）导辊。导辊为滚动导卫的重要部件，与滚动导板配合，能使轧件得到比滑动导卫更好的夹持和导入作用。导辊常带有椭圆、菱形孔型，与红钢紧密接触，防止其扭转和偏斜，材质要求有高的强度、刚度、硬度、耐磨性和抗激冷激热性能以及足够的韧性。因此导辊在材质的选择上要非常慎重，否则将难以满足生产的要求。某厂经多方比较，选用冷作模具钢使用效果较好。此外，导辊还要有良好的冷却。

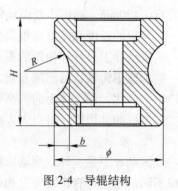

导辊的结构如图 2-4 所示，具体尺寸确定如下：

H：导辊的高度，依据支架开口的高度而定。

ϕ：导辊的直径，根据导卫两支架所能张开的范围而定，并要留有足够的调整余量和重加工余量。

R：导辊的孔型半径，与所引导轧件的孔型半径相同。

b：导辊的孔型深度，若所要引导的轧件为椭圆形，则 b 的尺寸按下式确定：

$$b = 轧件高度/2 - (1 \sim 20)\,mm$$

（5）导板。滚动导卫用导板由两个半块组成，前面紧

图 2-4　导辊结构

挨着导辊，引导轧件进入孔型，保护导辊免受严重冲击。导卫箱体底部有挡块，防止导板冲击导辊。导板的结构如图 2-5 所示，尺寸的确定、材质的选择与滑动导卫用导板相同。

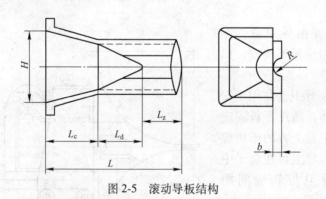

图 2-5　滚动导板结构

（6）导辊轴承和润滑。粗轧导辊要承受较大的冲击和侧向力，选用单列圆锥滚柱轴承。中轧和部分精轧导卫选用轻型单列圆锥滚柱轴承。精轧成品道次考虑导辊高速转动的需要，可选用极限转速高的单列滚珠轴承。润滑方式通常有干油润滑和油气润滑两种。干油润滑加油量和效果易于控制，且无需增加设备投资，但在使用中存在浪费大、污染环境的缺点。油气润滑方式干净，维护方便，能够冷却轴承，且加油时无需停车。但因其通过管路供油，油气量的有无生产中不易察觉，一旦断油或油量不足，将直接导致导卫的烧损，且设备需一定量的投资。

b 滚动导卫的使用和维护

滚动导卫在棒材生产中地位重要，并且工作环境恶劣，在工作中受轧件很大的冲击和高温、水冷、摩擦等诸多因素的影响，这些都直接决定导卫作用的发挥和使用寿命。如有偏差就会导致堆钢、卡钢事故或刮伤轧件，出现折叠、耳子等质量问题。这就要求非常重视滚动导卫的使用和维护。

滚动导卫使用和维护时要注意：

（1）确保各部件加工质量，高的部件尺寸精度是导卫发挥作用的前提。

（2）确保装配质量和调整质量。装配时要认真仔细，保证水路、油路畅通。导辊要转动灵活，各部件要确认无变形、无损坏，表面油污、氧化铁皮等脏物要清理干净。

（3）装配完的导卫要检查是否符合机架号、孔型号和轧制的规格。

（4）安装导卫时要确保与轧制线对中。

（5）坚持生产中勤检查、勤调整，发现问题及时解决。已损坏的导卫和过度磨损的部件要及时更换。

（6）换下来的导卫要及时进行全面检查和维护，保证下次投入使用的导卫无缺陷、无隐患。

此外，导辊间隙的调整在滚动导卫的使用中至关重要。若间隙过小，轧件将难以通过，导致堆、卡钢事故，或导辊过度磨损。间隙过大，就有可能出现轧件扭转和倾斜，起不到应有的夹持作用，产生质量事故。

导辊间隙的调整方法通常有以下三种：

（1）试棒调整法。试棒调整法是用与该道次轧件形状、尺寸相同的试棒去试调辊缝。调整时以导板的合缝为中心线，调整精度依靠操作者的经验和感觉。此方法比较方便，不受场地限制，调整速度快，但由于人为因素干扰多，精度相应较低。试棒调整法的关键是试棒的质量，即试棒尺寸和形状应与实际生产中轧件尺寸和外形相符合。

（2）光学校正仪法。光学校正仪法的原理是利用一光源将导辊的孔型投影于屏幕上。屏幕上带有光标和刻度，按照孔型投影值调整导卫至符合要求即可。此法要求配有光学校正设备，增加了投资，且仪器较精密，使用与维护要求高，导卫的调整时间长。但其调整精度高，适用于调整精轧机的导卫。

（3）内卡尺测量法。内卡尺测量法依据导辊孔型的形状和尺寸及轧件形状和尺寸，推算出导辊的辊缝值，用内卡尺完成测量调整。此法适用于粗轧大型导卫和特殊孔型导卫的调整。

c 扭转导卫

扭转导卫的作用是将本道次的轧件进行翻转，以便下一道次实现与本道次压下方向呈45°或90°角方向的压下。扭转导卫一般位于轧机的出口，其类型的选择，依据所要扭转轧件的形状和所要扭转的角度来确定。某小型厂选用的扭转导卫结构如图 2-6 所示，主要由扭转辊、旋转体、导管组成。

此种导卫的扭转体伸出导卫体之外，利于氧化铁皮的脱落和辊子的快速拆装。辊轴带有偏心距，用以调整两辊的间隙。扭转角度依靠旋转体的转动来调整。

扭转导卫的主要尺寸是扭转角度。设计中首先要确定轧件开始扭转的扭转点，扭转点的距离根据导卫梁与轧辊中心线的距离而定。角度的计算方法如下：

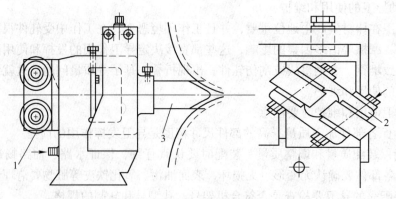

图 2-6　扭转导卫的结构
1—扭转辊；2—旋转体；3—导管

$$\beta \approx L_a \alpha / (L_b - L_c)$$

式中　β——扭转辊相对于轧件扭转的角度；

　　　L_a——扭转辊到该轧机中心线的距离；

　　　L_b——两机架之间的距离；

　　　L_c——下一机架入口滚动导卫到下一机架轧辊中心线的距离；

　　　α——轧件进入下一机架需要扭转的角度。

使用中，当轧件尺寸变化或扭转辊磨损时，轧件与扭转辊的接触点会发生变化，随之扭转点和扭转角度发生变化，轧件不能正确翻转。因此生产中针对扭转导卫要勤观察、勤调整，并应注意水冷和润滑情况。

d　切分导卫

切分导卫确切地说是带有切分轮的导卫，能将两个或多个并联的轧件分成单根轧件，一般位于切分孔型的出口。

某厂使用的是二线切分导卫，结构如图 2-7 所示，主要由切分轮、插件、分料盒构成。切分轮是一对从动轮，刃部有斜角，边缘锋利，靠轧件的剩余摩擦力切分轧件。切分轮的安装采用悬臂式，有利于快速处理堆钢事故。切分轮间隙的调整采用蜗轮、蜗杆和轴的偏心距调节。这种方式可使两切分轮同时移动，保证轧制线的

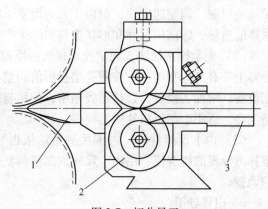

图 2-7　切分导卫
1—插件；2—切分轮；3—分料盒

稳定，调整精度高。导卫设计上下对称，可调换使用，能解决轧辊边槽使用时安装、调整不方便的难题。

使用切分导卫的关键是切分轮间隙的调整。使用中，若间隙过大，则有可能切不开轧件；若间隙过小，则切开的轧件易向两边跑，行走不稳定。两者都会导致堆钢事故。此外，切分导卫在使用中要严格保证与轧制线的对中，稍有偏差，将导致轧件切分不均匀，产生质量事故。所以生产中要随时观察切分质量和切分轮的磨损状况，发现问题及时调整、处理，

并应保证水冷和润滑质量，以免发生切分轮黏钢现象，导致堆钢事故和导卫的烧损。

2.3.3.2　导卫调整

A　粗轧导卫调整

（1）安装调整导卫梁时，要保证梁面水平，高低适中，固定牢靠。

（2）进、出口导卫的中心线应与轧槽的中心线对正，固定牢靠。

（3）轧机前、后辊道导槽中心线保持一致，导槽进、出口对正轧槽，高低适中。

（4）卫板前端必须与轧槽吻合，下卫板要低于轧槽5~10mm。

（5）粗轧扭转辊应把上、下辊调整水平，间距适中。

（6）轧机出口管子中心线要与孔型对准，前端与轧槽间隙不大于5mm，固定牢固。

B　中轧导卫调整

（1）安装调整导卫梁时，要保证横梁水平，高低适中，固定牢靠。

（2）进、出口导卫的中心线应与轧槽中心线对正，固定牢靠。轧机前、后辊道导槽中心线与轧制线保持一致，导槽进、出口对正轧槽，高低适中。

（3）卫板前端必须与轧槽吻合，下卫板要低于轧槽5~10mm。

（4）扭转管应与孔型对正、水平，前端与轧槽间隙不大于1mm，紧固牢靠，扭转角度适中。

（5）轧机出口管子中心线要与孔型对正，前端与轧槽间隙不大于1mm，固定牢固。

（6）禁止轧制低温钢，在生产过程中发现钢坯带黑头、黑印或温度不均匀时应及时通知4号台停车。

（7）生产中发现卡钢、缠辊事故时，用切割器割开松开导卫，指挥倒车处理。

（8）导卫选择要根据轧制规格、道次挑出合格的进出口导卫板。导卫板不允许有毛刺、硬点和凸凹不平等缺陷。

C　精轧导卫调整

（1）轧辊调整合格后进行导卫安装调整。

（2）安装调整导卫梁时，要保证梁面水平，高低适中，固定牢靠。

（3）进、出口导卫的中心线应与轧槽对准，固定牢靠。

（4）卫管前端应与轧槽吻合，间隙不大于1mm，下卫管要低于轧槽5~10mm。

（5）扭转管应与轧槽对准，前端与轧槽间隙不大于1mm，固定牢固。

（6）安装切分导卫时，用专用样板进行检查、调整，确保入口导卫和出口导卫对正轧槽，保证扭转管外壁间隙，并用样板检验，保证双线平行。

（7）安装切分轮时，切分锥、切分轮在同一条直线上。

（8）进、出口导卫盒体前需加垫片时，垫片厚度适宜，且无毛刺、无变形。

2.3.4　常见的轧制缺陷及其预防

2.3.4.1　凹坑

凹坑是指在钢材表面呈现无规则的、大小及深浅不一的凹点。形成原因：

（1）轧辊孔型在运输、装配时存在缺陷。

（2）轧制低温钢或堆钢打滑时将孔型磨坏或割钢时割坏。

（3）氧化铁皮、导卫零件等异物被咬入孔型，附着在轧槽上（即黏槽）造成孔型缺损，或出口导卫安装过低，前端与轧槽摩擦所致。

消除措施：

（1）上线前检查轧槽是否缺损。

（2）不轧低温钢。

（3）勤点检，发现导卫中残存异物及时消除，及时更换。

（4）出口导卫安装不正确。

（5）规范料型，轧槽起线或磨损时，及时更换。

2.3.4.2　折叠

折叠是一种在钢材表面形成的各种角度的折体，长短不一。形成原因：

（1）料型不合适或轧辊调整不当，金属在孔型中过充满形成耳子或没有填满孔型（缺肉）而在下一孔型中轧成折叠。

（2）因入口导卫安装、调整偏斜产生耳子，在下一孔型中轧成折叠。

（3）入口导板一边磨损严重，失去扶持作用，轧件在孔型中扶不正倒钢而产生耳子，在下一孔型中形成折叠。

消除措施：

（1）进行适当的轧辊调整，规范料型。

（2）导卫安装对正轧槽，导辊不偏。

（3）定时更换导板，防止使用不合格导板。

（4）调整时，先检查料型，后查导卫。

2.3.4.3　耳子

耳子是金属在孔型中过充满，沿轧制方向从辊缝中溢出而产生的缺陷，有单边耳子和双边耳子两种。形成原因：

（1）过充满。

（2）辊缝调整不当。

（3）入口导板偏斜。

（4）孔型设计不合理。

（5）轧件温度低。

消除措施：

（1）入口导板对正，孔型固定。

（2）规范料型。

（3）不轧低温钢。

（4）孔型设计要合理。

2.3.4.4　刮伤

刮伤是沿轧制方向上纵向的细长凹下缺陷，其形状和深浅、宽窄因原因不同而有所不同。形成原因：

（1）轧件的氧化铁皮或其他异物聚集在导卫装置内与高温、高速运动的轧件相接触。

（2）导向装置异常磨损，如上卸钢分钢挡板或其内有异物、焊瘤未清除干净。

消除措施：

（1）导卫点检到位，发现挂刺及时更换。

（2）正确安装导卫，防止导卫与轧件产生点线接触。

（3）选择不易产生热黏结的材质制作导卫。

2.3.4.5　结疤

结疤是残留在导卫内的氧化铁皮与轧件一起进行轧制而产生的缺陷。形成原因：

（1）轧件尾巴大，带耳子。

（2）导辊松，尾巴有大耳子（即"飞机"）。

（3）导卫坏，挂刺后留下的氧化铁皮与轧件一起轧制。

消除措施：

（1）规范料型，合理用料，防止尾巴大。

（2）勤点检，导卫损坏及时更换。

2.3.4.6　斜面

斜面是指由于轧辊辊错造成的钢材横断面上的几何尺寸不相等的一种常见缺陷。形成原因：

（1）轧辊螺丝固定不牢。

（2）轴向螺丝固定不牢。

（3）轧辊单面压紧。

（4）成品导辊过松或过紧。

（5）轧辊轴承来回窜动。

（6）成品前架出口扭转导辊损坏。

（7）成品入口横梁高低不平。

消除措施：

（1）勤点检，检查轧辊螺丝、轴向螺丝是否牢固。

（2）成品压料时，应保持南北相等的压下量。

（3）导辊松紧不当时，应当及时调整。

（4）保证横梁的水平。

2.3.4.7　麻面

麻面是指在钢材表面上出现的大小分布不均匀的麻点而造成的缺陷。形成原因：

（1）成品槽缺水。

（2）轧槽磨损严重。

消除措施：

（1）确保水管对正轧槽。

（2）发现有麻面时及时换槽。

2.3.4.8　裂纹

裂纹是指钢材表面不同形状的破裂。形成原因：

（1）原料过热。

（2）钢坯表面质量差。

（3）变形不均匀。

（4）轧件温度低或冷却不当。

消除措施：

（1）严格检查坯料，发现坯料存在裂纹或皮下气泡时，禁止装炉。

（2）严格执行加热制度，禁止出现坯料表面过热现象。

（3）严禁轧制温度过低的钢，同时注意冷却水均匀。

2.4　控制冷却工艺及设备

2.4.1　钢材轧后控制冷却技术的理论基础

作为钢的强化手段在轧钢生产中常常采用控制轧制和控制冷却工艺。这是一项简化工艺、节约能源的先进轧钢技术。它能通过工艺手段充分挖掘钢材潜力，大幅度提高钢材综合性能，给冶金企业和社会带来巨大的经济效益。由于它具有形变强化和相变强化的综合作用，所以既能提高钢材强度又能改善钢材的韧性和塑性。

过去几十年来通过添加合金元素或者热轧后进行再加热处理来完成钢的强化。这些措施既增加了成本又延长了生产周期，在性能上，多数情况是提高了强度的同时降低了韧性，焊接性能变坏。

近20年来，控制轧制、控制冷却技术得到了国际冶金界的极大重视，冶金工作者全面研究了铁素体-珠光体钢各种组织与性能的关系，将细化晶粒强化、沉淀强化、亚晶强化等规律应用于热轧钢材生产，并通过调整轧制工艺参数来控制钢的晶粒度、亚晶强化的尺寸与数量。由于将热轧变形与热处理有机地结合起来，所以获得了强度、韧性都好的热轧钢材，使碳素钢的性能有了大幅度的提高。然而，控制轧制工艺一般要求较低的终轧温度或较大的变形量，这会使轧机负荷增大，因此，控制冷却工艺应运而生。热轧钢材轧后控制冷却是为了改善钢材组织状态，提高钢材性能，缩短钢材的冷却时间，提高轧机的生产能力。轧后控制冷却还可以防止钢材在冷却过程中由于冷却不均而产生的钢材扭曲、弯曲，同时还可以减少氧化铁皮。

控制冷却钢的强韧化性能取决于轧制条件和水冷条件所引起的相变、析出强化、固溶强化以及加工铁素体回复程度等材质因素的变化。尤其是轧制条件和水冷条件对相变行为的影响很大。

2.4.1.1　CCT曲线及控制冷却的转变产物

等温转变曲线，又称TTT曲线，反映了过冷奥氏体等温转变的规律。但在连续冷却转变过程中，钢中的奥氏体是在不断降温的条件下发生转变的。而且转变速度不同，其转变产物也有所不同。过冷奥氏体连续冷却转变曲线——CCT 曲线就是在连续冷却条件下，以不同的冷却速度进行冷却，测定冷却时过冷奥氏体转变的开始点（温度和时间）和终了点，把它们记录在温度-时间图上，连接转变开始点和终了点便可得到连续冷却曲线。

图 2-8 所示为共析钢的 CCT 曲线，在该图上也画上了该钢的 TTT 曲线，以做比较。

当连续冷却速度很小时，转变的过冷度很小，转变开始和终了的时间很长。若冷却速度增大，则转变温度降低，转变开始和终了的时间缩短。并且冷却速度越大，转变所经历的温度区间也越大。图中的 CC' 为转变中止线，表示冷却曲线与此线相交时转变并未最后完成，但奥氏体停止了分解，剩余部分被过冷到更低温度下发生马氏体转变。通过 C 和 C' 点的冷却曲线相当

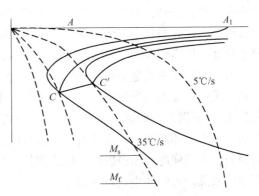

图 2-8 共析钢连续转变曲线
A—铁素体相变点温度 727℃

于两个临界冷却速度。当冷却速度很大超过 v_C 时，奥氏体将全部被过冷到 M_s 点以下，转变为马氏体。

因此，当冷却速度小于下临界冷却速度 v'_C 时转变产物全部为珠光体 P；冷却速度大于上临界冷却速度 v_C 时，转变产物为马氏体 M 及少量的残余奥氏体；冷却速度介于 v'_C 和 v_C 之间时，转变产物为珠光体、马氏体加少量的残余奥氏体。

2.4.1.2 螺纹钢的控制冷却工艺

螺纹钢的控制冷却又称轧后余热淬火或余热处理。利用热轧钢筋轧后在奥氏体状态下快速冷却，钢筋表面淬成马氏体，随后由其心部放出余热进行自回火，以提高强度和塑性，改善韧性，得到良好的综合力学性能。钢筋轧后淬火工艺简单，节约能源，且钢筋表面美观、条形直，有明显的经济效益。

钢筋的综合力学性能和工艺性能，如屈服极限、反弯、冲击韧性、疲劳强度和焊接性能等，同钢筋的最后组织状态有关。而获得何种组织则取决于钢的化学成分、钢筋直径、变形条件、终轧温度、轧后冷却条件、自回火温度等。

合理地选择轧后控制冷却工艺可获得所要求的钢筋性能。

根据钢筋在轧后快冷前变形奥氏体的再结晶状态，钢筋轧后冷却的强化效果可分为两类。一类是变形的奥氏体已经完全结晶，变形引起的位错或亚结构强化作用已经消除，变形强化效果减弱或消失，因而强化主要靠相变完成，综合力学性能提高不多，但是应力稳定性较高。另一类是轧后快冷之前，奥氏体未发生再结晶或者仅发生部分再结晶，这样，在变形奥氏体中保留或部分保留变形对奥氏体的强化作用，变形强化和相变强化效果相加，可以提高钢筋的综合力学性能，但应力腐蚀开裂倾向较大。

轧后钢筋控制冷却方法一般分为以下两种。

一种是轧后立即冷却，在冷却介质中快冷到规定的温度，或者在冷却装置中冷却到一

定的时间后，停止快冷，随后空冷，进行自回火。当钢筋从最后一架轧机轧出后采用急冷时，其表面层金属因迅速冷却而成为淬火组织。但因断面尺寸较大，其心部仍保留有较高的温度。水冷后经过一段时间，钢筋心部的热量向表面层传播，结果使它又达到一个新的均衡温度。这样一来，钢筋的表面层发生了回火，使之具有良好韧性的调质组织。由于钢材经受了控制冷却，其力学性能也有了明显的改善。例如，碳质量分数为 0.20% ~ 0.26% 的低碳钢，在轧制状态下的屈服强度为 $370N/mm^2$，经过水冷使之温度降到 600℃时，其屈服强度可提高到 $540N/mm^2$，而韧性保持不变。

另一种冷却方法是分段冷却，即先在高速冷却装置中在很短的时间内，将钢筋表面过冷到马氏体转变点以下形成马氏体，并立即中断快冷，空冷一段时间，使表层的马氏体回火到 A_1 以下温度，形成回火索氏体，然后再快冷一定时间，再次中断快冷进行空冷，使心部获得索氏体组织、贝氏体及铁素体组织。这种工艺称为二段冷却，采用该种方法获得的钢筋，抗拉强度及屈服极限略低，伸长率几乎相同，而腐蚀稳定性能好，同时，对大断面钢材来说，可以减小其内外温差。

2.4.1.3　影响控制冷却性能的因素

影响控制冷却性能的因素有：

（1）加热温度。加热温度影响轧前钢坯的原始奥氏体晶粒大小、各道次的轧制温度及终轧温度，影响道次之间及终轧后的奥氏体再结晶程度及晶粒大小。当其他变形条件一定时，随着加热温度的降低，控制冷却后的钢筋性能明显提高。如果不降低坯料的加热温度，又需要降低终轧温度，则可以在精轧前设置快冷装置，降低终轧前的钢温。

（2）变形量。控制终轧前几道次的变形量，并将道次变形量与轧制温度较好地配合，对钢筋快冷以前获得均匀的奥氏体组织、防止产生个别粗大晶粒以及造成混晶有重要作用，水冷之后可以得到均匀组织。

（3）终轧温度。终轧温度的高低决定了奥氏体的再结晶程度。当冷却条件一定时，终轧温度直接影响淬火条件和自回火条件。终轧温度不同时，必须通过改变冷却工艺参数来保证钢的自回火温度相同。一般情况下，终轧温度较低时钢的强化效果好。

（4）终轧到开始快冷的间隔时间。这段间隔时间主要影响奥氏体的再结晶程度。如果轧后钢筋处在完全再结晶条件下，由于高温下停留时间加长，奥氏体晶粒度容易长大，使钢筋的力学性能降低。最好轧后立即快冷，将快冷装置安装在精轧机后。

（5）冷却速度。冷却速度是钢筋轧后控制冷却的重要参数之一。提高冷却速度可以缩短冷却器的长度，保证得到钢筋表面层的马氏体组织。如果冷却速度较低，一般为了达到所需要的冷却温度。可以加长冷却器的长度。

（6）快冷的开始温度、终轧温度和自回火温度。快冷的开始温度和终轧温度都直接影响钢筋的自回火温度。自回火温度不同则影响相变后钢筋截面上各点的组织状态，导致钢筋性能不同。快冷的终轧温度用改变冷却参数来控制，如调节水压、水量或冷却器的长度。

钢筋的终轧温度直接影响钢筋的自回火温度。自回火温度一般随着冷却水的总流量增多而降低，一般钢筋的规格越大，冷却水量也越多。

冷却水的温度对钢筋的冷却效果有明显的影响。冷却水的温度越高，冷却效果越差。

一般冷却水的温度不超过 30℃。

2.4.2 控制冷却工艺

随着棒材轧机的迅速发展，棒材的控制冷却技术也日趋完善。在工艺方面，把控制轧制过程金属塑性变形加工和热处理工艺完美结合起来；在控制方面也发展到能根据钢种、终轧温度等实现电子计算机的自动控制。

2.4.2.1 控制冷却技术的工艺目的及优点

控制冷却技术的工艺目的是快速提高螺纹钢的力学性能，特别是化学成分差的螺纹钢的屈服强度。它通常用于低碳钢，以便在低成本条件下，使产品的力学性能超过微合金钢或低合金钢。

控制冷却工艺具有以下优点。

（1）不采用下列方法即可提高产品的屈服强度：

1）添加昂贵的合金元素（如果轧后采用普通冷却方式则必须添加）；

2）提高碳含量（提高碳含量会影响焊接性能）。

（2）碳含量低。碳含量低意味着：

1）具有良好的弯曲性能，而又不产生表面裂纹；

2）表层经过热处理后具有高塑性，也就是说具有良好的抗疲劳载荷能力，因此可将处理过的螺纹钢用于动载结构件；

3）良好的焊接性能甚至优于含有微合金元素的材料；

4）与普通冷却条件下生产的产品相比，表面将生成更少的氧化铁皮。

（3）热稳定性能好，即使加热，它的性能也比普通螺纹钢要好。

（4）降低了生产成本，与微合金钢相比节约成本 18%，与低合金钢相比节约成本 8%。

2.4.2.2 金属学原理

控冷工艺是指对棒材表面进行淬火，并通过自回火来完成对棒材的热处理，自回火过程直接由轧制热来完成。当棒材离开最后一架轧机时有一个特殊的热处理周期，它包括三个阶段，如图 2-9 所示。

图 2-9 控冷工艺的三个阶段

第一阶段：表面淬火阶段。

紧接最后一架轧机之后，棒材穿过水冷系统，以达到一个短时高密度的表面冷却。由于温度下降的速度高于马氏体的临界速度，因此，螺纹钢的表面层转化为一种马氏体的硬质结构，即初始马氏体。

在第一阶段棒材的心部温度维持在均是奥氏体的温度范围内，以便得到后来的铁素体珠光体相变（在第二阶段和第三阶段）。

在这个阶段末，棒材的显微结构由最初的奥氏体变为如下的三层结构：

（1）表层的一定深度为初始马氏体。

（2）中间环形区的组成为奥氏体、贝氏体和一些马氏体的混合物，并且马氏体的含量由表面到心部逐渐减少。

（3）心部仍是奥氏体结构。

第一阶段的持续时间依据马氏体层的深度而定，这个马氏体层深度是工艺的关键参数。实际上，马氏体层越深，产品的力学性能越好。

第二阶段：自回火阶段。

棒材离开水冷设备，暴露在空气中，通过热传导心部的热量对淬火的表层再次进行加热，从而完成表层马氏体的自回火，以保证在高屈服强度下棒材具有足够的韧性。

在第二阶段，表层尚未相变的奥氏体变为贝氏体，心部仍为奥氏体结构，中间环形区到回火马氏体层之间奥氏体相变为贝氏体。

在这个阶段末，棒材的显微结构变为：

（1）表层为一定深度的回火马氏体。

（2）中间环形区的组成为贝氏体、奥氏体和一些回火马氏体的混合物。

（3）心部的奥氏体开始相变。

第二阶段的持续时间是依据第一阶段采用的水冷工艺和棒材直径确定的。

第三阶段：最终冷却阶段。

第三阶段发生在棒材进入冷床上的这段时间里，它由棒材内尚未相变的奥氏体的等温相变组成。根据化学成分、棒材直径、精轧温度以及第一阶段水冷效率和持续时间，相变的成分可能是铁素体和珠光体的混合物，也可能是铁素体、珠光体、贝氏体的混合物。

以上所描述的三个阶段的物理现象可以用下列三种形式说明：

（1）棒材表面和冷却介质之间的热交换。

（2）棒材内的热传导。

（3）金属学现象。

2.4.2.3　表面淬火棒材的力学性能

从轧钢生产这个着眼点来看，在所有工艺的关键参数当中只有三个参数被认为是独立控制变量，它们是精轧温度、淬水时间、水流量。

在采用控冷工艺处理棒材时，从棒材表面到心部，它的显微组织和性能在不断变化。尽管如此，也可以将控冷工艺处理过的棒材考虑成近似由两种不同的结构组成：

（1）表层为回火马氏体。

（2）心部由铁素体和球光体组成。

棒材的技术性能，特别是拉伸性能根据以下三个性能确定：

（1）马氏体的体积分数。

（2）马氏体的拉伸性能。

（3）心部铁素体-珠光体结构的拉伸性能。

马氏体的体积分数取决于马氏体相变的起始温度，它是棒材化学成分和当棒材离开淬水箱时棒材截面温度分布的函数。

棒材表层的回火马氏体的屈服强度与化学成分、回火温度有关。实际上回火温度越低，屈服强度越高，韧性也越低。回火温度是工艺第二阶段末棒材表面所达到的最高温度，它直接取决于第一阶段所采用的淬火工艺。第一阶段时间越长，马氏体层越深，第一阶段末的棒材温度也就越低，则回火温度越低。

因此，在控冷工艺中，如果给出了化学成分，那么决定棒材力学性能的关键因素就是淬火阶段的温度简图。

当给出了棒材直径时，控冷工艺系统的温度简图能随下列因素的改变而改变：

（1）精轧温度。

（2）淬水阶段的持续时间。

（3）淬水阶段通过冷却水释放的棒材表面热量。

棒材表面和水冷之间的导热系数是控冷工艺的关键参数之一，它是棒材表面温度的函数，也是冷却设备、冷却水压力、水流量及温度的设计依据。

2.4.2.4 工艺控制

控冷工艺的工艺控制主要通过水量、时间和温度控制来完成，具体说明如下：

（1）水量控制。水的总量通过水调节阀 FCV1 和 FCV2 来调节。此控制借助于带有反馈信号的闭合回路，而反馈信号来自于流量表和操作员的预设值。

（2）时间控制。淬水时间的长短会产生一个特殊的回火温度，而回火温度直接关系到产品的屈服强度。淬水时间可以通过调节终轧速度、冷却器的数量等来控制。

（3）温度控制。主要测量淬水线前后的温度，以便得到准确的回火温度。这样一来，测量温度的高温计的定位就显得非常重要。一个高温计安装在 13 号机架前，用来测量输送来的棒材温度。另外，在淬水线下游 60m 处安装高温计，以便测定棒材的回火温度。

2.4.3 控冷工艺的工艺设备

2.4.3.1 设备布置

淬水线（图 2-10）位于成品轧机出口和倍尺飞剪之间，用于对离开精轧机的棒材进行淬火，以便得到所需的性能。

2.4.3.2 淬水线设备设计要点

根据所要求钢材最终性能的不同，淬水线设备的形式也分为多种，但无论怎样，它们都有一些共同点，即所有淬水设备都是管结构的，并且是轴对称的，如棒材和冷却器之间的环形喷嘴就是对称的。

淬水线设备应考虑以下几点：

（1）正确地设计单位长度的水流量，以确保高的淬火效率。

（2）冷却器的数量。淬水线设备由一些冷却器组成，冷却器的数量根据精轧温度、精轧速度、棒材直径和回火温度等几项参数来确定。

（3）冷却器的利用率要高，以确保高效喷水。

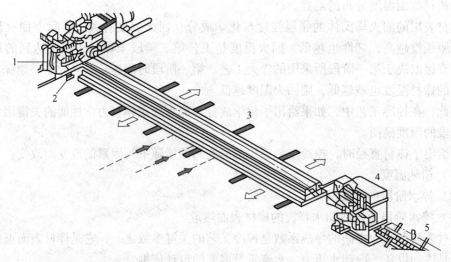

图 2-10　淬水线示意图

1—成品轧机；2—高温计；3—淬水箱；4—倍尺飞剪；5—升降裙板

（4）正确地设置冷却器内径与棒材横断面面积之间的比率，以保证适当的"注水率"。

（5）在冷却器内高压水对棒材的阻力。

（6）淬水线内棒材的稳定性。

（7）该工艺结束时，已处理棒材的平直度。

2.4.3.3　技术参数

技术参数见表 2-6。

表 2-6　淬水线技术参数

淬水线小车外观尺寸/mm×mm×mm	3819×18600×2194
质量/kg	24500
热处理棒材范围	φ10~40mm 螺纹钢
淬水线小车行程/mm	1700
液压缸行程/mm	1700
阀台的外观尺寸/mm×mm×mm	12300×4750×2300
水系统压力（max/min）/MPa	1.2/0.8
控制阀（FCV1、FCV2）流量/m³·h⁻¹	40~200
压缩空气流量（标准状态下）/m³·h⁻¹	90（干燥器用），200（仪器用）
压缩空气压力/MPa	0.5
增压泵数量/台	3
旁路辊道数量/个	20
直径/mm	φ188

2.4.3.4 设备组成

如图 2-11 和图 2-12 所示，控冷工艺的工艺设备组成如下：

（1）淬水线小车。小车上布有两个水箱和一条旁路辊道，其中 1 号水箱有两条水冷线，用于对切分产品和 $\phi10\sim40mm$ 螺纹钢的淬火；2 号水箱只有一条水冷线，用于对 $\phi20\sim40mm$ 螺纹钢的淬火。

（2）旁路辊道。旁路辊道由 20 个辊子组成，由交流电机驱动，当成品不需要淬火时，使用旁路辊道。

（3）液压缸。淬水线小车由两套液压缸驱动，使小车在轧线的垂直方向水平横移。

（4）高温计。一个高温计用于测量棒材在淬水线的入口温度，另外的高温计用于测量棒材在淬水线的出口温度。

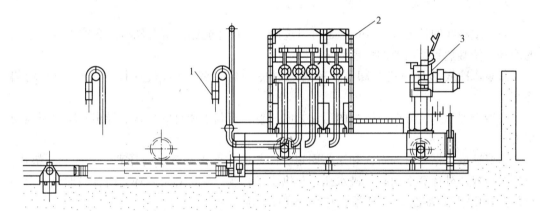

图 2-11 控冷工艺设备示意图一
1—阀台；2—淬水线小车；3—旁路辊道

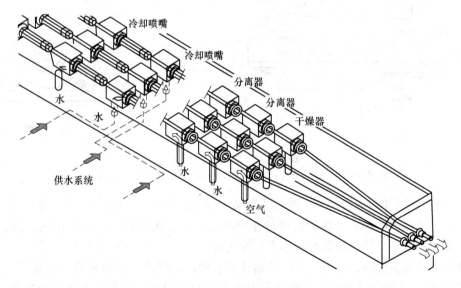

图 2-12 控冷工艺设备示意图二

（5）控制阀。控制阀用于控制空气和水流量。其中 FCV1 控制 1 号水箱 1 线，FCV2

控制 1 号水箱 2 线和 2 号水箱。

（6）水系统。水系统由软管、球阀和水管组成。喷射出的水汇集在水箱里，然后经过专用管返回到设备主系统里。供水系统装有控制阀台，该阀台装备有带有电-气转换器的空气流量控制阀、电磁流量计、压力传感器、压力计、碟阀和一些操作上使用的辅助设施。

（7）压缩空气系统。该系统与总供气设备相连，装备有伺服阀、过滤器、压力调节器、压力计和其他一些确保系统正确运行的辅助设施。

（8）液压系统。液压系统用于驱动安装在淬水线上的液压缸，液压油由液压中心装置供给。

（9）干油系统。辊道用轴承、淬水线轮子等由干油嘴手动润滑。

2.4.3.5　水冷线

整个水冷线的长度（18.6m）是可以选择的，这样能保证所有规格的螺纹钢进行适当的冷却，使其达到所需要的性能要求。

每条水冷线都有一些冷却器，棒材通过冷却器时被水迅速包围，整个表面被均匀冷却。

在冷却器里水流方向与棒材的运动方向一致，有利于棒材的导入、导出，减少了运动阻力。

水流速度根据棒材的断面和速度而定。冷却器主要由导管、内环套、外环套、垫片、螺栓等组成。外环套下面有一进水孔，与供水管相连，外环套与内环套组合时形成一个环行间隙"GAP"，如图 2-13 所示，在此处向棒材喷射高压水。

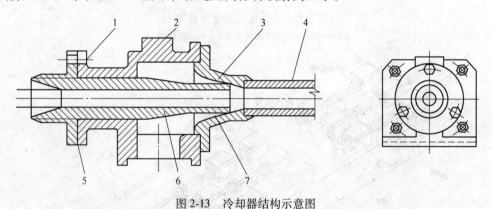

图 2-13　冷却器结构示意图
1—螺栓；2—机体；3—外环套；4—导管；5—垫片；6—内环套；7—间隙"GAP"

"GAP"的大小可通过垫片的厚度来调节，例如，"GAP"为 0.44mm，垫片的厚度为 2mm。一旦"GAP"确定，垫片的厚度便可选定，然后用螺栓固定。不同的产品，冷却器的数量不同，不需要冷却器时可用旁路管代替。

在整个产品范围内，仅有一套冷却器是不够的，不同的产品要求的"注水率"不同，在 $\phi 10 \sim 40$mm 的产品范围内需要有三套内径不同的冷却器。每条淬水线只能布置一套冷却器，因此当生产一种新产品时，操作员将该产品用的这套冷却器布置在水冷线上，并通过淬水小车使该水冷线与主轧线对齐。显而易见，操作员也将下一种产品用的那一套冷却器布置在剩余的水冷线上，这样能节约时间。

水冷线的入口有一个排气泡装置，用于除去棒材表面的气泡，以便对棒材表面均匀冷却。

在水冷线的出口有两个反向分离器和一个反向干燥器。分离器和干燥器的结构相同，只是分离器输入的介质是高压水，而干燥器输入的介质是压缩空气。水流方向、压缩空气方向与棒材的运动方向相反。分离器的作用是冷却棒材，同时，完全清除棒材表面的氧化铁皮和水，避免影响棒材的微观结构。而干燥器的作用是去除棒材表面的水和残余水蒸气，并防止水或水蒸气从水冷线逸出。同样，分离器、干燥器内的水量和压缩空气量的大小如同冷却器一样由垫片的厚度来调节。

2.4.3.6 控冷工艺控制设备

淬水线除了装有进/出口高温计之外，还装备有独立的冷却调节系统，以便精确地控制棒材的淬火。淬水线是通过下列系统进行控制的：

（1）手动操作系统。

（2）由专用 PC 控制的自动控制系统。

通过全自动控制系统控制控冷工艺淬水线，不需要人工干涉。用此方法可以避免人工失误，增加产品的稳定性。在 PC 的存储器里储存着每种产品的冷却程序，冷却程序由技术人员提前设置好，并可根据需要随时进行修改或复制。在生产过程中冷却程序可传送到微处理机上，以操作淬水线阀台的 ON/OFF 阀和流量放大阀。在冷却程序里储存着下列参数：

（1）产品规格和轧制速度。

（2）钢种。

（3）钢坯在 13 号轧机的入口温度。

（4）棒材在淬水线的入口温度。

（5）棒材在冷床的入口温度（回火温度）。

（6）冷却器的设置。

（7）水流量放大阀的设置。

（8）1 号水线向 2 号水线的转换开关。

当产品改变时，可以将相应的冷却程序从 PC 存储器中提取出来，微处理机可根据此程序设置好淬水线控制部件，如水流量放大阀放置在实际水流量的位置上，并做好生产的准备。警报器与每一个温度放置点相连，当所测温度与设置点预先设定的温度不一致时，操作台的警报铃就响了，这时可根据具体情况调节设置点温度。

2.4.3.7 工艺设备的维护

工艺设备的维护要求如下：

（1）检查各水冷线的冷却器、分离器、干燥器、旁路管有无堵塞物，以保持其畅通。

（2）定期检查各水冷线冷却元件的磨损情况，磨损后及时更换。

（3）定期检查冷却器、分离器、干燥器的间隙"GAP"，如需要，根据工艺要求增减垫片。

2.5　螺纹钢棒材的精整

2.5.1　概述

螺纹钢棒材的精整工序主要包括冷却、冷剪切、表面质量检查、自动收集以及打捆、称重、标记等。

为了实现精整工艺，分别配置有相应的设备，形成精整系统生产线。

2.5.2　剪切

2.5.2.1　钢材剪切工艺与剪机的选择

螺纹钢筋一般采用剪机剪切。用于型钢剪切的剪机种类从形式区分有平刃剪及各类飞剪；以剪切金属的状态分有热剪切和冷剪切两类。

轧件在精轧后进行切头、分段都采用飞剪，之后进入冷床进行冷却；钢温在100℃以下的钢材进行冷剪切，切成定尺长度。

在轧件运动中进行横向剪切的剪机称作飞剪。在连续式小型棒材轧机生产线中采用飞剪作为切头、分段和事故剪。一套小型连轧机采用2~4台飞剪。

(1) 各区域的飞剪剪切速度及剪切能力应与轧机的出口速度和轧制品种相匹配。飞剪所能剪切的断面尺寸，必须包括轧机所轧出的全部品种和规格。

(2) 当后部轧机或设备发生事故时前面的飞剪可以及时将轧件碎断，便于处理事故。

(3) 要求剪切断面好，特别是冷床前的分段剪更为重要，以省去冷床之后对一排轧件的切头，减少切头量，提高成材率。

(4) 当具有轧后控制冷却生产线时，冷床前的飞剪应能适应温度降低轧件剪切的需要。

(5) 剪切精度高，误差小，并且有可重复性，以提高成材率。

(6) 飞剪工作必须可靠，维修方便，结构尽可能简单，便于提高轧制作业线的生产率。

现代小型连轧机采用的飞剪主要有下列4种结构形式：

(1) 曲柄连杆式飞剪，在剪切区域剪刃几乎是平行移动。这种飞剪剪切断面质量好，适合剪切大断面型材，能承受大的剪切力，一般用于粗轧、中轧机组之后，剪切的轧件速度不易过高，一般轧件速度在10m/s以下。

(2) 回转式飞剪或称双臂杆式飞剪，剪刃作回转运动。这种飞剪适合剪切移动速度较高的轧件，轧件速度在10~22m/s之间，多用于中轧、精轧机组之后和冷床之前的钢材剪切。

(3) 可转换型飞剪。它是前两者飞剪的结合，能从一种形式利用快速更换机构转换成另一种形式。同一个飞剪既可以在低速状态下以曲柄形式剪切大断面轧件（在1.5m/s的棒材移动速度下剪切 φ70mm 螺纹钢），也可以在高速状态下以回转形式剪切小断面轧件（在20m/s的速度下剪切 φ10mm 螺纹钢）。一台剪机可以覆盖所有轧制规格范围，从而替代一般轧制生产线上设置的两台可移动剪机。

（4）与矫直机联合的多条冷飞剪剪切速度比较低，一般只有 2~4m/s 左右。可以同时剪切数根，轧件排列的宽度可达 1200mm 左右。飞剪为曲柄连杆式，可剪切 6~24m 定尺，误差在 ±10mm 以内。

剪机根据其驱动形式又分为以下两种：

（1）离合器制动器型，由一台连续运转的直流电机带动飞轮驱动。控制系统简单，但由于离合器打滑和分离不爽，造成剪切精度差，而增加金属切削量。

（2）直接驱动型，采用高功率低惯量电机驱动。每次剪切均完成一次启动、停止动作。也称作启停工作制型。

现代连续轧制型材生产线大部分采用直接驱动型，其优点是：

（1）机械结构简单，维修量少。

（2）剪切精度高，重复性好，可以提高成材率。

（3）周期时间短，大约在 0.5s 之内完成一个剪切周期，有利于上冷床轧件长度的设定。

但是，直接驱动型剪机的控制系统比较复杂，造价较高。

意大利波米尼公司为了剪切高速轧件的头部，设计了一套特殊机构，称作高速切头剪。一个垂直摆动分钢器，可以将来料拨到安装在分段剪出口的一个双通路导槽中，导槽的导卫重叠布置，当轧件接近剪机时，分钢器处于上位，剪切动作完成后下剪刀将把轧件提升进入上导槽，然后分钢器回落，将料头送入切头收集槽，而料尾（由于可能比较长）被送入碎断剪。

在不停车的情况下快速地加减速以缩短剪切周期，达到 0.5s。这样就可以采用热分段剪直接进行定尺剪切。剪切长度为 6m 时，轧件速度可达 12m/s。这样就不需要在冷床出口处对轧件进行冷剪。

为了提高热剪切公差的精度，必须精确设定轧件在精轧机出口处的速度。轧件速度由两个光电管，通过记录棒材端部经过一段固定距离的时间来计算。只有轧件速度保持恒定才能保证剪切精度，即使在轧件尾部离开精轧机之后也是如此。因此，热分段剪均配有一对夹送辊，开口度可以调整以适应不同的形状、断面和尺寸大小。对于更大尺寸的轧件，有时必须在剪机前安装一个拉钢设备，以利于轧件尾部离开精轧机的移动速度稳定。

2.5.2.2 精轧后分段飞剪的优化剪切系统

在生产中坯料质量的变化导致轧件的总长度不同，以及轧制过程中切头、切尾的误差和所轧成品单位质量的公差，造成上冷床的轧件长度不可能全部相同。因此，分段剪切的最后一段会出现短尺料进入冷床，如果不在冷床上剔除，将会成为任何自动定尺剪切系统的事故根源。

意大利的波米尼公司和达涅利公司所提出的分段剪优化剪切系统都可以保证所有上冷床的轧件长度为定尺长度的整数倍。其分段飞剪的剪切程序如下：

首先将绝大部分轧件按冷床的全长进行剪切，然后将剩下部分剪切成短倍尺，同时调整冷床提升裙板的动作周期以相匹配。这种剪切程序可以避免由于短尺长度的无规律所带来的任何问题。

如果剪成短倍尺小于上冷床的要求长度时，则调整倒数第二段钢材长度，按成品倍尺减小，以增加最后一段的分段长度，达到上冷床的要求长度。这时提升裙板的动作周期也应相应配合。

热分段飞剪的优化剪切系统包括以下功能：

(1) 切头、切尾。

(2) 回收长度短于定尺的轧件。

(3) 对短于预设定长度的轧件进行碎断。

(4) 出现事故时进行碎断剪切。

解决剪后短尺料的方法有两种，第一种方法是将短于定尺长度的尾部进行碎断，使短尺料不上冷床；第二种方法是在冷床前或冷床后设置短尺料收集装置，例如唐钢棒材连轧机、抚顺钢厂齿轮钢棒材轧机。碳素钢小型连轧机组多采用第一种方法，而合金钢小型连轧机组由于原材料价格贵，多采用短尺料收集装置。一般是短尺料在 3m 以上收集，3m 以下碎断。

当采用轧后在线热处理系统时，从强制水冷器中穿水冷却，经表面淬火的螺纹钢筋到达冷床前分段剪时还没有完成表面马氏体层的自回火过程，淬火层非常硬，当剪切这类品种时，必须选择剪切能力更大的飞剪，以保证飞剪的工作可靠性和可重复性。

2.5.3　冷却

热轧后的型材采用不同的冷却制度对其组织、性能和断面形状有直接影响。型钢的各部位冷却不均将引起不同的组织变化。冷却速度不同，相变时间不同，所得组织、粗细程度都有差别。同时，冷却不均易引起型钢，特别是异形断面型钢的变形扭曲。

为了提高型钢的力学性能，防止不均匀变形导致扭曲，根据钢材的钢种、形状、尺寸大小等特点，在轧后的一次冷却、二次冷却和三次冷却的三个冷却阶段分别采用不同的冷却方法和工艺制度。

型钢轧后冷却的不同阶段是这样划分的：从钢材的终轧温度到开始发生相变的温度为第一阶段；发生相变的温度范围为第二阶段；相变后的冷却为第三阶段。钢材轧后控制冷却就是在每个阶段中控制其开冷和终冷温度、冷却速度和冷却时间，以获得所需的组织和性能。

2.5.3.1　螺纹钢棒材在冷床上的冷却

A　轧件的制动

轧件在轧后分段剪切之后经分钢器和分离挡板进入由电机单独传动的冷床输入辊道。进入冷床输入辊道的轧件的制动方法有两种：

(1) 通过摩擦自然制动。

(2) 通过磁性制动板强制制动，这种方法仅用于进行轧后余热表面淬火和自回火的带肋钢筋的制动。

当轧件的移动速度大于 16m/s 时轧件由辊道送入冷床是通过分离挡板和一套制动滑板来完成的。采用分离挡板的制动程序如下：

(1) 热轧件经分段剪剪切之后，轧件在辊道上加速，从而与后面在轧制中的轧件快速脱离，进入入口辊道。

（2）当制动滑板降到低位时，第一根轧件滑下，开始自然摩擦制动直到完全停止。

（3）与此同时，下一根轧件的头部进入倾斜辊道的上区，并由分离挡板将其保持在这一位置，直到制动滑板回升到中位。

（4）此时分离挡板可以向上抬起、打开，使轧件滑到制动滑板的侧壁。

（5）第一根轧件由提升到上位的制动滑板滑到冷床的第一个齿内。

（6）放下分离挡板，可以开始第三根轧件的制动周期，同时冷床的动齿条将第一根轧件送入下一齿内。

轧制带肋钢筋采用轧后余热淬火工艺时，由于轧件温度低于居里点而具有铁磁性，因而在冷床入口处，使用磁性制动装置将轧件制动在冷床前。磁性制动装置安装在冷床入口处的制动滑板上。使用这种磁性制动装置能保证轧件在冷床齿条上基本对齐。

使用磁性制动装置可以缩短冷床宽度，或者保持冷床宽度不变而提高轧件的终轧速度，从而提高总体生产能力。

为适应带肋钢筋和螺纹钢的高速轧制，德国西马克公司研制出上冷床高速输送系统（HSD）。该系统由夹送辊、高速度飞剪、制动夹送辊、双旋转槽和同步装置组成，并配合快速加速度倾斜式冷床，能进行高速度的棒材输送，可以满足冷床输入辊道上轧件速度达到 36m/s 的要求，最高轧件速度可以达到 40m/s。产品规格范围为 ϕ6~32mm。

这套上冷床高速输送系统分为两组并列布置。

高速飞剪根据最优化剪切工艺进行分段剪切，可配合单线、双线或切分轧制工艺。利用制动夹送辊作用于棒材尾部并将棒材送入双旋转槽，利用同步装置将轧件送上快速移动冷床，轧件在冷床上快速移动。

B 轧件在齐头辊道上的齐头

轧件在冷床上冷却过程中齐头是为成组进行多根冷剪做准备，以减少切头，节约金属。

依据轧件的运行方向，也就是从制动滑板上下来的棒材将要在冷床上决定其齐头方向。当冷床的出口方向与入口方向相反时，优化长度的轧件将以其尾部作为参照卸入冷床齿条。齿条的运动周期，决定了轧件冷却中不出现问题的优化轧件的最小长度。由于轧件在冷床上分布并不很分散，所以在齐头辊道上就很容易进行尾部齐头。

当冷床的出口方向与入口方向相同时，前面所说的卸料系统中，为保证良好的齐头效果，在齐头辊上需要刻一定数量的孔槽，同时要防止在卸料到冷床上时前一根轧件头部造成的问题。因此，在轧件轧制速度超过 16m/s 时要采用分离挡板，隔离下一根来料，不影响提升制动滑板。

应特别注意的是采用长冷床（110m 或更长）时，小直径螺纹钢（或小扁钢）将很难或几乎不可能在固定挡板上进行齐头，因为此时齐头所造成的轧件冲力足以使轧件弯曲并产生一个压应力，而使轧件跳出齿槽。这样轧机就需要停车以清理冷床。

一种好的解决办法是采用两排单孔槽齐头辊道，第一排（传动速度高）将轧件尽量运到近终位置，然后第二排（低速可调）使棒材准确地接近挡板，停在挡板之前。一套相应的感应系统可以使导辊在轧件一接触时即行停车。齐头效果在 25mm 之内。

C 钢材在冷床上的冷却

钢材在冷床上冷却时，为保证后步工序的顺利进行，必须很好地控制轧件的端部质量，并尽可能地保持轧件的平直度，以防止出现翘头和侧弯，这些将严重影响其顺利进入矫直机。

在冷却过程中最重要的是防止轧件由于不均匀冷却或不同时相变而引起的扭曲变形，特别是在冷却断面不是均匀对称的型钢条件下更容易发生扭曲。为了解决这个问题，当今现代冷床均采用特殊的尺寸参数，保持平直度，设计最佳的齿条形状和齿形长度，以补偿由于不同的冷却曲线所产生的不均匀冷却。

为了控制棒材的组织和性能，应根据钢种、尺寸大小的不同，控制钢材在冷床上的冷却速度、开冷、终冷温度，以及不同的冷却方式。

轧件在冷床上既可以采用自然风冷方式，也可以采用通风冷却，也有的采用强制水冷方式，此时喷水管置于轧件下部。还可以在冷床上装备一套水冷调节系统，以控制和降低扭曲，特别是冷却角钢时。在所需位置布置的特殊喷嘴，向热金属表面喷水冷却，根据断面形状的不同，喷水的部位及喷水强度也有所不同，并且随时可调。

轧件下冷床的温度应保持在100℃以下，因为这有利于轧件的矫直和冷剪切。轧制特殊钢如轴承钢或弹簧钢时，冷床可以在其初始段上下两侧安装可移动保温罩来降低冷却速度，从而实现延迟冷却工艺。冷床的动静齿条在水平方向上均有一定倾斜，以便在移动轧件过程中不断改变接触点并使螺纹钢旋转。相反，对于需要在冷床上进行快速冷却的钢种如奥氏体不锈钢，冷床的齿条可以设计成特殊的形状，以使轧件从冷床输入辊道上下来后立即浸入水中冷却一定时间，再出水进入冷床空冷。

2.5.3.2　冷床的结构特点与技术性能参数选择

A　冷床的结构形式和特点

冷床的结构形式常见的主要有步进式齿条型冷床、摇摆式冷床、斜辊式冷床、链式冷床等。近年来随着小型连轧技术的进步，对钢材产品质量要求也越来越高，希望轧件在冷床上与床面没有相对滑动摩擦，以免划伤轧件表面，同时希望轧件在冷却过程中冷却均匀并得到矫直。步进式齿条型冷床，因其轧件冷却均匀，并在冷却过程中得到矫直，一般平直度可达 $4mm/m$，最好可达到 $2mm/m$，而且表面擦伤小，因而得到越来越广泛的应用。

棒材上冷床机构除了常规的制动滑板机构外，还有夹尾器、制动落料槽、转辙器等。

轧件以 $17 \sim 18m/s$ 或更高的速度进入铸铁的滑槽或转辙器，入口夹尾器在很短的时间内将轧件的尾部夹住，制动至 $3m/s$ 左右，然后打开滑槽或转辙器，将轧件放在冷床上。这种机构只适用于生产碳素钢轧件的小型棒材轧机。

B　冷床技术性能参数的选择

a　冷床宽度的选择

冷床宽度根据轧件长度及机后分段剪剪切长度而定，并且比最大的分段长度更大些，例如轧件成品长度为 l_1，飞剪分段最大长度为 L 则冷床的宽度 B 通常取为：

$$B = L + l_1$$

只要冷却能力足够，过分地追求冷床宽度是不合适的。冷床宽度也可以用成品最高轧制速度乘以4后并加缓冲长度确定，即

$$B = v_{轧最大} \times 4 + l_1$$

式中　B ——冷床宽度，m；

$v_{轧最大}$——成品轧件最高轧制速度，m/s；

l_1——缓冲长度，一般为轧件成品长度，m。

冷床宽度过宽，冷床输入、输出辊道以及制动拨钢器将随之增长，而使设备总质量增加，投资加大。冷床宽度过窄，则使冷床长度加长，造成厂房跨度加大，同时，由于分段剪操作周期时间短和冷床动作频率过快，分段飞剪及冷床的机电设备难以适应。

b 冷床动作周期的选择

冷床的动作周期是指冷床步进一次所需的时间。冷床的步进运动多以凸轮机构来实现，因此，冷床的动作周期实际上也就是凸轮机构旋转一周的时间。这个时间要小于精轧机后面分段剪两次剪切之间的间隔时间。这一时间 t 是由轧件移动速度和分段长度决定的，即

$$t = L/v$$

式中 t——冷床的动作周期，s；

L——轧件被分段的最小长度，m；

v——轧件速度（即最大轧制速度），m/s。

再考虑到冷床上、下料机构所需的时间，冷床的动作周期应再缩短 1~2s 左右。

c 齿条间距的选择

齿条的质量在齿条型冷床的质量中占有很大的比例，齿条间距选择过小，则必然增加齿条数量，从而增加冷床质量。但齿条间距过大，又会使钢材在冷床上产生挠度而影响产品质量。适当的齿条间距应是保证钢材在冷床上因自重而产生的挠度不超过部颁标准弯曲度（小于 6mm/m）的同时尽量减少齿条数量。冷床上钢材挠度受两个因素的影响：（1）钢材断面大小的影响，在齿条间距相同的情况下，钢材断面小则挠度大，断面大则挠度小；（2）钢材温度的影响，温度越高，挠度越大。

具体确定冷床齿条间距时可以对比已有的冷床参数用类比法确定，也可以通过计算钢材在齿条间或头、尾悬臂墙的挠度来确定。

d 齿条齿距、齿形角的确定

齿条齿距、齿形角与钢材断面有关。对螺纹钢来说，齿距 T 与螺纹钢直径有一定的比例关系。

齿形角国内较常见的有两种。一种是 30°/60°齿形，如图 2-14（a）所示。这种齿形的好处是在钢材步进时，较容易实现钢材的滚动，有利于钢材在冷却过程中的矫直，同时，这种齿形也较适合冷却扁钢、角钢等异形材。另一种齿条齿形角为 45°，如图 2-14（b）所示。这种齿形适合于冷却螺纹钢，从而进料侧的矫直板可以采用等边角钢制造，简化了设备加工，设备质量也较轻。

e 冷床长度的确定

冷床长度取决于钢材冷却需要的时间。轧件所传递的热量与轧件温度降低的关系为：

$$dQ = KC dt_w$$

轧件所传递的热量与冷却时间的关系为：

$$dQ = \alpha(t_0 - t_w) dt$$

以上两式均为轧件对每 $1m^2$ 冷却面积所传递的热量，因而两式相等，故得出：

$$\alpha(t_0 - t_w) dt = KC dt_w$$

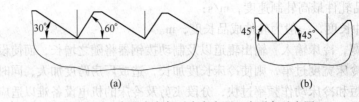

图 2-14　步进式齿条型冷床齿距、齿形角示意图

(a) 30°/60°齿形；(b) 45°齿形

将此式在 (0~t) 时间和 $t_{wa} \sim t_{wc}$ 温度范围内积分，可得：

$$M = \ln[(t_{wa} - t_0)/(t_w - t_0)]$$

式中　K——每平方米表面积的轧件质量，kg/m^2；

　　　C——质量热容，$J/(kg \cdot ℃)$；

　　　t_0——周围环境温度，℃；

　　　t_w——轧件温度，℃；

　　　t_{wa}——轧件冷却开始时的温度，℃；

　　　t_{wc}——轧件冷却终止时的温度，℃；

　　　t——轧件冷却时间，min；

　　　α——传热系数，$J/(m^2 \cdot h \cdot ℃)$。

传热系数 α 由两部分组成，一为辐射传热系数 α_s，一为接触传热系数 α_b，而且有：

$$\alpha = \alpha_s + \alpha_b$$

对于螺纹钢和矩形断面钢材，α_s 和 α_b 可根据钢材的平均温度 t_m，由有关曲线查出。轧件的平均温度可按下式计算：

$$t_m = t_0 + (t_{wa} - t_{wc})/M$$

根据冷却时间可求出冷床长度 L_k 为：

$$L_k \geqslant (n + 1)T$$

$$n = 6m/t_k$$

式中　T——冷库齿条齿距，mm；

　　　n——在 t 时间内需上冷床的钢材总根数；

　　　t_k——每根钢材的轧制周期，s。

根据轧机的小时产量和轧件的冷却时间，也可按下式计算冷床的长度：

$$L_k = Qat/G$$

式中　L_k——冷床长度，m；

　　　Q——轧机最高小时产量，t/h；

　　　G——根轧件的质量，t/根；

　　　a——轧件在冷床上的间距，m；

　　　t——轧件的冷却时间，h。

考虑到轧件的在线矫直要求，轧件应冷到约 100℃。

f　凸轮偏心距的确定

冷床凸轮偏心距 e 可以取成 $e = T/2$（T 为齿条齿距），用于 30°/60°齿形可以取 $e < T/2$，而用于 45°齿形可以取 $e > T/2$。$e < T/2$ 或 $e > T/2$ 都可以改变钢材在冷床上冷却过程中与齿条的接触点，同时在步进过程中钢材有一定的滚动，以达到矫直钢材的目的。但是，在生产的品种中除了棒材之外还有型材，则最好取 $e = T/2$，其优点是钢材步进平稳，型材不会与冷床产生滑动摩擦。近年来采用静齿条与步进方向倾斜一个角度，从而避免了钢材与齿条接触点始终是一个固定位置的缺点。

2.5.4 棒材在线定尺剪切

在传统的轧制生产线上，轧件在冷床上冷却后，在冷床的输出辊道处有一台手动固定式冷剪，棒材由定位挡板齐头，将轧件切成定尺。这种固定式冷剪有两种形式：一种为开口式（或称为 C 形框架式），另一种为闭口式。它们的选择取决于剪切力和剪刃的宽度。两种剪机均装有两个剪刃，一个固定，另一个活动剪刃安装在滑板上，由气动离合器或启停式直流电机操作。剪机上装有一套棒材压紧装置，在剪切过程中卡住棒材。采用可移动挡板，通过调整其位置来改变定尺长度，并实现最小的切头，保证棒材的剪切精度。剪切后的棒材，由垂直方向的运输链或移动小车卸料。

钢材冷却后直接采用冷飞剪多条剪切成定尺。曲柄式冷飞剪采用直流电机传动，剪切速度可以从 1.5m/s 变到 2.5m/s，剪切定尺长度为 4~18m。例如唐钢棒材厂采用摆式冷飞剪，剪切能力 350t，可剪切成 6~12m 的定尺棒材，最高剪切速度达 2.5m/s，已经高于其他形式的冷剪机，因此可以使每排料排得少一些，而不影响飞剪的生产能力。减小剪切料的排料宽度有利于提高剪切精度，减小切头量，减小事故率。

2.5.5 钢材的包装（打捆）

钢材包装是轧钢生产的后部工序，是必不可少的重要工序。完整的钢材包装应具有钢材输入、捆包成形、捆扎、捆包的输出及称重和标记等多种功能。完成以上全部功能的关键设备是主机捆扎机。捆扎机的核心部件是机头部分，是通用的。辅机则随着包装品种的不同和各工厂现场工艺条件的差异而配套，形成各种形式的机组。

主机捆扎机按所用的捆扎材料分类有钢带捆扎机（打捆机）和线材捆扎机两种。如果用户没有特殊要求，用线材打捆要便宜些。按传动方式分类，捆扎机有气动、液压和机械三种形式。

主机捆扎机根据包装钢材品种选定捆扎材料，一般小型型材、钢管、包装箱多采用钢带捆扎，大型型材、螺纹钢、线材、小型捆包多采用钢丝（线材）捆扎。钢带捆扎不破坏钢材表面，抗拉强度高，捆包规整美观。线材捆扎成本低，钢丝来源方便，不易崩断。传动方式则根据生产现场条件、场地大小、生产效率高低、环境温度等来选定。

辅机的配套则完全根据捆扎对象、工艺内容、生产流程、现场条件、生产率和操作水平来确定。

2.5.5.1 波米尼公司的打捆机

由意大利波米尼公司设计的打捆机，能够捆扎任何断面的型钢。它完全是自动化的液压操作。所用捆扎材料为 $\phi 5.5~6.5mm$ 线材。它的一个重要特点是，打结的位置总是在捆的上面，使捆好的型材容易沿辊道运行。打捆机可以是移动式的，也可以是固定式的。打捆动作为沿着捆的外轮廓把拉紧的打包线直接喂入，这样可避免划伤产品的表面。打包线只在捆的角部弯曲，并不产生摩擦。捆扎的动作过程如图 2-15 所示。

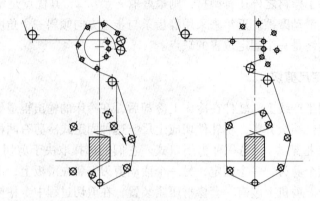

图 2-15　打捆机捆扎动作

这种捆扎方式可以保证对捆垛的角部进行良好捆扎。这对于将捆垛打成方形或矩形捆是非常重要的，它可以防止捆形变成半圆形。

在棒材捆扎区域的输入辊道后的横移区，按生产工艺要求预留了三组计数装置，已经配备了一套电子称重装置。

2.5.5.2　西安钢厂的捆扎机组

该捆轧机组的工作过程为：输入辊道将棒材送至横移位置前面，短尺分离机将定尺料吸起，输入升降挡板落下，辊道启动，将短尺料送出至短尺收集槽前，辊道停止，短尺分离机将定尺料放下，经升降横移机移至步进链道上，再由分离输送机经计数机，点数后送到四合一捆扎机的收集臂中，收集臂将棒材传送到 V 形辊道上，经成形、捆扎后，向齐头方向输出至固定挡板，再由升降横移小车送到集料台架上，集中吊出。

该捆扎机组可捆扎棒材尺寸如 $\phi 12 \sim 40$ mm，长度为 9m、12m。棒材温度要求在 300℃以下。年产 3.5×10^5 t，小时产量为 75t，捆重小于 3t。捆扎材料为小 $\phi 5.5$ mm 的 08F 线材。采用在线全自动、半自动和手动三种操作方式，捆扎速度 45s/道，捆包直径不大于450mm。

计数机的点数速度为 3 ~ 5 根/s。捆扎机设备的使用条件为：机械液压部分环境温度 $-5 \sim +50$ ℃；电气部分环境温度 $-5 \sim +50$ ℃；相对湿度小于 83%，不结霜。

2.5.5.3　上海沪昌特殊钢股份有限公司的捆扎机组

该捆扎机组是以由原冶金工业部北京冶金设备制造厂制造的 YSK6 型钢丝捆扎机头为核心的捆扎机组，共设有并列 6 台棒材捆扎车，每台捆扎车由中间收送机、成形捆扎机、液压装置，捆扎辊道和台车组合而成。使用前按棒材成品长度和捆扎道次选择捆扎车的工作台数，人工调节捆扎车之间的距离并定位。

棒材捆扎道数的设定是按照工艺设计目的进行的，并兼顾到成品出厂时的运输保障、起吊安全条件，以不同成品棒材长度定出各自的捆扎道数。棒材长度小于 6m 时，捆扎 3道；棒材长度为 6~11m 时，捆扎 4~5 道；棒材长度为 12m 定尺时，捆扎 6 道。

两端的捆扎距离端部0.5m，中间的捆扎距离l按下式计算：

$$l = (L - 2 \times 0.5)/(n - 1)$$

式中　l——捆扎距离，m；

　　　L——棒材长度，m；

　　　n——捆扎道数。

中间收送机将捆扎棒材从收集机组中送到捆扎机上。该捆轧机由主臂、料臂和液压缸组成。

成形捆扎机的捆扎直径为小$\phi200 \sim 500$mm，最大捆扎力为3900N，成形拉力为1900N，捆扎钢丝采用$\phi5.5$mm镀锌钢丝，成形捆扎周期为$30\sim50$s，周期时间可调。捆扎后成捆棒材由辊道输出。捆扎辊道的辊子规格为$\phi250$mm$\times800$mm，辊道输出速度为1.0m/s。

捆扎后的棒材在电子秤上进行成品称重，最大称重量为10t。每称重一次均可打印出单次净值、累加值和累加次数值。称量顺序为1捆、2捆、3捆，由输出横移机依次送入，一次最多称3捆，每满3捆则由行车起吊入库。

捆扎的棒材规格为$\phi8\sim40$mm，长度为$4\sim6$m，最长可捆扎12m的定尺棒材，捆扎直径$\phi200\sim500$mm，每捆捆扎质量不大于3t，捆扎要求一头平齐，另一头端头允许误差不大于50mm。

整个捆扎机组分成两个区域，两个区域既可以联动打捆（当棒材长度大于6m时），也可以任选一区独立地自动打捆，或是两个区域同时各自打捆。捆扎操作方式为手动、半自动、全自动三种控制方式。

2.5.6　连轧棒材典型精整工艺

连铸方坯经加热、粗轧、中轧和精轧之后轧成带肋钢筋，而后进入精整阶段。某些品种或规格轧后需要进行控制冷却或带肋钢筋的表面余热淬火。

轧件进入轧机下游，淬水线之后的倍尺飞剪进行倍尺剪切，并经过冷床上的冷却、定尺剪切和成捆等精整工序。下面以唐钢棒材连轧机为例，对精整工序分别介绍。

2.5.6.1　棒材的倍尺剪切

终轧后的轧件首先送入倍尺剪前的夹送辊。夹送辊为双驱动型，其作用是夹持轧件进入飞剪进行倍尺剪切和切尾；另外，当冷却系统出现故障时将轧件夹持送入碎断剪进行碎断和大规格轧件尾钢的碎断。如果需要收集短尺钢材，当短尺钢材收集床较短时，为使高速运行的短尺材顺利进入收集床，夹送辊还可以对轧件进行减速。

倍尺剪前的夹送辊为二辊水平式。上辊可动，由气缸驱动，当气缸开动时，上辊压下，以便能夹持轧件。夹持的轧件移动速度最大达18m/s。对轧件的夹持力为5737N。夹送辊上有槽，可根据不同产品的断面进行更换。

在夹送辊入口和出口处还装有导向装置，主要是一个喇叭口导管，它固定在支架上，导管支架高度可以调整，以便对准轧制线。根据不同的轧制规格，选用不同规格的导管。

该厂的倍尺剪为启/停回转式飞剪，由一台直流电机驱动。剪机的见表2-7。

表 2-7　剪机性能

剪切轧件的最大移动速度/m·s⁻¹	18
剪切轧件断面面积/mm²	2000
剪切轧件温度/℃	550
剪刃数/片	2
剪刃速度/m·s⁻¹	2.7~19.8

该剪的剪刃速度是可调的，与棒材轧制速度成正比。在剪切位置，剪刃速度比轧件速度超前或滞后。超前或滞后的速度可以达到轧件速度的 10%。剪切速度、超前或滞后速度将根据轧制程序或由操作人员设定。

倍尺优化剪切工艺是提高成材率、合理利用冷床面积的有效措施。

钢坯经连轧机轧成棒材之后，成品轧件的长度远大于冷床所能接受的长度，因此，必须经热飞剪剪切成冷床所能接受的长度。为了避免在定尺剪切时产生短尺钢，提高成材率，一般将上冷床的钢的长度剪切成定尺的倍数。

在实际生产中，钢坯的长度、成品尺寸的公差、轧制过程中切头的多少，都在一定的允许范围内波动，导致精轧机轧出钢材的长度也在不断变化，这就可能使倍尺剪切后所得到的最后一段钢的长度小于冷床所能接受的最小长度。这种情况下，通常是在倍尺钢剪切结束后，把长度小于冷床所能接受最小长度的钢尾由碎断剪碎断。如果这时最后一段钢的长度只是稍小于冷床所能接受的最小长度，而大于定尺长度，这种情况下碎断尾钢将会造成成材率的降低。

为了解决这一实际问题，形成了倍尺钢优化剪切工艺。其目的是从给定的成品棒材中得到最大数量的成品长度的棒材，减少短尺，提高成材率。

优化剪切工艺的实质是当尾钢长度小于冷床所能接受的最小长度而大于成品定尺长度时，就把尾钢之前的一段倍尺钢（即倒数第二根上冷床的倍尺钢）的长度留一部分（相当于定尺长度或倍数）给尾钢，使尾钢长度达到冷床所能接受的长度，而倒数第二根长度有所减小，但仍能满足上冷床要求。如果尾钢长度太小，在与倒数第二根钢优化后，二者都达不到上冷床的长度要求时，则优化从倒数第三根倍尺钢开始。最终优化结果是使最后三根钢都能达到最小上冷床长度，最后长度小于定尺长的尾钢由短尺收集床接收。如果其长度还小于短尺床所能接受的最小长度，则经剪后的导向器导向碎断剪进行碎断。

导向器是一个由电机带动的导板。导板头部距倍尺飞剪 650mm。用定位抱闸来控制导向器的位置。导向器动作由倍尺飞剪编码器控制，以保证导向器的动作与飞剪同步。碎断剪位于导向器之后，用于短尺钢的碎断或事故剪切。

碎断剪的技术参数见表 2-8。

表 2-8　碎断剪技术参数

轧件速度/m·s⁻¹	18
剪切面积/mm²	1257（热态），800（冷态）
轧件温度最大断面/mm²	800（500℃）
碎断长度/mm	580
刀片速度/m·s⁻¹	3.8~20

短尺收集床位于碎断剪后、输送辊道的旁边，用于收集优化剪切后所得到的短尺尾钢。

短尺收集床长度为 18m，可接收的棒材长度最短为 4m，最长为 12m。

2.5.6.2 棒材在冷床上的冷却

A 棒材的输入与制动

经倍尺剪剪切后的钢材经过带制动裙板的辊道输送和制动并到达冷床上，如图 2-16 所示。

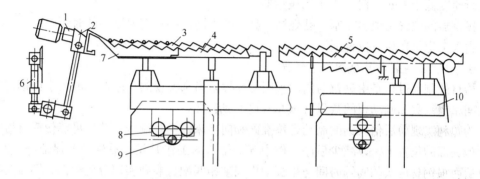

图 2-16 带裙板辊道和步进式冷床示意图
1—冷床入口辊道；2—升降裙板；3—动齿条；4—固定（静）齿条；5—对齐辊道；
6—液压缸；7—矫直板；8—偏心轮；9—传动轴；10—动梁

冷床入口辊道总长约 230m，其中带裙板辊道 186m，其余为不带裙板辊道。

运输辊道共有 186 个辊，每个辊由可调速的交流电机单独驱动。辊道的控制分为三段，各段速度单独控制，为实现钢的正确制动以及前后倍尺钢头尾的分离，在生产中辊道速度可在大于轧机速度的 15% 范围内变化。通常设定 1 号辊道速度超前轧机速度 5%，2 号辊道超前 10%，3 号辊道超前 5%。所有辊子均保持一固定的向冷床方向的 12° 倾角，以利于棒材滑入裙板。

制动裙板是位于运输辊道一侧的一系列可在垂直方向上下运动的板，利用板与钢材之间的摩擦阻力使钢材制动，并通过提升运动把钢材送入冷床矫直板。裙板在垂直方向有三个位置，如图 2-17 所示。

制动裙板在轧件前进方向上共分成两部分。

第一部分位于冷床之前，裙板之间通过 18 个液压接手进行分离/结合，使第一部分裙板分成固定段（裙板在生产中经常处在高位）和活动段（与冷床上裙板一起运动）两段，以满足不同规格品种准确制动运输的要求。第二部分裙板位于

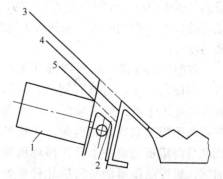

图 2-17 制动裙板三个位置示意图
1—辊道；2—裙板；3—高位；4—中位；5—低位

冷床上，与冷床宽度相同，长 132m，由多块裙板构成一个整体，单块裙板之间只能分开。

带升降裙板的辊道总长 186m，其中包括 132m 的冷床段及冷床前的 54m。

在制动裙板中分布有5块电磁裙板，通电时产生电磁，对于经过穿水冷却的螺纹钢筋可增强其制动力，使钢筋快速制动。磁力大小可根据规格大小进行调节，未淬水的及大直径的棒材不需要用电磁裙板来制动。

当前一根倍尺钢进入裙板进行制动时，裙板降至最低位置，通过气动拨钢器来阻止下一根倍尺钢头部进入裙板。气动拨钢器安置在活动段裙板的入口处，其作用是当前一根倍尺棒材的尾部正下滑和制动时，由气缸将1.2m长的可移动拨钢器抬起，防止下一根钢的头部进入裙板，而仍沿辊道运行。在拨钢器抬起的同时，活动裙板升至中位，后一根钢材沿裙板侧面制动运行。拨钢器的运动与活动裙板的运动和下一根钢的头部位置同步。在棒材运行速度低于10m/s时，不采用拨钢器。

拨钢器的位置是根据轧制产品规格、品种的不同，以及需要制动的时间或距离来决定的，由人工定位在相应位置上。

B　裙板辊道制动及分钢工艺过程

棒材的制动过程是由钢材与制动板间的摩擦阻力来实现的。摩擦力的大小由钢材与制动板间摩擦系数和制动板的数量（或总长度）所决定。

为顺利实现剪后倍尺钢的制动定位准确和向冷床的及时输送，并尽可能使钢材落在靠近冷床头部的位置上，以减少后序工作中齐头辊道的工作时间；另外，要保证制动时间，并且后两根钢材尾头的间隔时间与裙板动作周期相匹配，顺利实现分钢动作，则需要准确控制钢材进入制动板开始制动位置P1、制动距离S与制动后停在冷床上的位置P2。

棒材经倍尺剪剪切后，尾部到达P1并进入制动板开始制动，经时间t后，到达P2位置，t称为制动时间。制动距离S和制动时间t主要取决于轧件的速度v和摩擦系数f。在生产中，摩擦系数f认为是一个常数，所以制动距离S和制动时间t主要取决于轧件的运动速度v。

在生产中，为保证移送速度最高的轧件能够定位于P2，必须有足够的制动距离，这就要求冷床前制动板有足够的长度。根据计算和唐钢棒材轧机的经验，冷床前裙板长度为54m就能满足最大轧件速度≤18m/s时的制动要求。当轧制其他规格棒材时，其轧件速度各不相同，但都低于18m/s，所以制动距离S都小于54m。为了保证轧件在冷床上的正确定位，对不同规格的棒材，在冷床前辊道上开始制动的位置P1是不同的。所以在冷床前段制动裙板中活动段的长度是可变的，并且可根据所生产棒材的制动距离，确定裙板中活动段的长度。裙板由18个液压接手连接，当其中一个断开时，裙板就从此处分为固定段和活动段。

将前后两支倍尺钢材尾部和头部分开，保证前一根钢材顺利制动，两根钢材头尾互不干扰，要求顺序分钢所需时间要与裙板运动周期相匹配。裙板动作周期是指裙板完成一个动作循环所需的时间。裙板动作周期与前后轧件所处位置如图2-18所示。

为了实现顺利分钢，前一根钢离开辊道开始制动时，必须与后一根钢拉开一段距离ΔS，即前一根钢离开辊道的时

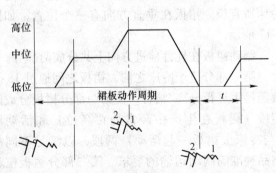

图2-18　裙板动作周期与前后轧件的位置
1—前一根倍尺钢；2—后一根倍尺钢

间到下一根钢头部到达制动板前端 P1 位置的时间间隔 Δt 必须满足制动板从最低位置升到中间位置所需的时间，以防止下一根钢头部在制动板处于低位时进入制动裙板。从制动裙板动作周期图可知，制动板从低位到中位所需时间 t 应满足：

$$t \leqslant \Delta t$$

时间间隔 Δt 是靠前后两根棒材的速度差来实现的。辊道分为三段，每段速度均高于轧件速度。前一根钢经倍尺剪剪切后加速，使两支钢间距加大。当轧制速度 v>10m/s 时，由于轧制速度快，辊道加速产生的时间间隔 Δt 不能满足裙板相应动作所需时间。为保证前后钢头尾分开，利用气动拨钢器，阻止下根钢头部进入裙板。

C 棒材的矫直与冷却

该厂采用的冷床为启停式步进梁齿条冷床，位于裙板辊道与冷剪区成层设备之间。冷床对轧后热状态的棒材进行空冷、矫直、齐头。棒材冷却后输送到成层链和小车上，移送到冷剪前冷床出口辊道上，然后送至摆式冷飞剪，剪成定尺。

冷床宽 132m，长 12.5m（从冷床入口辊道中心到冷床出口辊道中心距离）。

冷床由矫直板、动齿条、静齿条和对齐辊道等组成。而动齿条和静齿条又各有长短之分。因为棒材在刚进入冷床时温度高容易变形，因而在冷床入口端，齿条的排列紧密，相邻动静齿条间距为 150mm，而在冷床出口端由于钢温较低，不易变形弯曲，则相邻的动静齿条间距变成 300mm。

矫直板位于冷床的入口侧，由冷床入口辊道上下来的棒材首先落到矫直板上。矫直板每块长 1.15m，宽 250mm，上有 10 个齿形，块与块之间只留出动齿条移动的间隙。矫直板在此处代替了静齿条。棒材由动齿条一个槽一个槽地向前传递，直到移出矫直板。矫直板的作用是保持棒材的最大平直度。

棒材经过矫直板而进入冷床的本体，它是由长短交替布置的静齿条与动齿条组成的步进式冷床。动齿条安装在动梁上。冷床共有 22 个动梁，而每个动梁上安装有 20 个动齿条。每个动梁下有轮子，动梁平放在偏心轮上。偏心轮转动带动此梁，使动梁上、下、前、后移动，从而将齿条上面的棒材一齿一齿地向前传送。

当动齿条上的棒材被传送至对齐辊道时，可由对齐辊道将棒材送到挡板处对齐，使棒材能整齐一致地进入定尺冷飞剪。对齐辊道上有 8 个与齿条完全相同的齿形，且位置比定齿条要高。对齐辊道是由恒速交流电机上的齿轮带动链子单独驱动的。

132m 长的对齐辊道分为 8 段，每段 12 个辊子，分别控制，可根据棒材的倍尺长短来决定哪些段运行。

D 棒材的编组与平移

经过冷床调直、冷却和齐头后的棒材，由动齿条传递到紧靠冷床的收集链或称编组链上。收集链的总宽度达 126m，工作长度近 2m。收集链的动作是间断性的，即动齿条每向收集链上放一根棒材，收集链动作一次，使棒材形成层状，便于下一步运输小车的运输。同时，收集链也起到调整生产节奏的作用，如果后面的某个设备出现小的故障，收集链还可以收集一些棒材，起到缓冲的作用。

利用平移装置（或称运输小车）将收集链上的成层棒材托起，平移到输出辊道上方，将成层棒材放到辊道上，保持棒材的层状，由辊道送到定尺冷飞剪进行剪切。

当冷切定尺飞剪采用带槽剪刃剪切棒材时，则采用与收集链并列布置，靠近冷剪一端，冷床头部处设置的专用成层小车（宽度约6m）代替收集链。在接受从冷床动齿条上下来的棒材时，利用成层小车上齿板的齿将棒材分开，使小车上的棒材按一定数量形成层，并将这一层棒材通过运输小车运至输出辊道，再经过成层小车上齿板的分离，使棒材之间保持一定的距离，以便棒材能顺利喂入冷定尺飞剪的带槽刃中。

冷床输出辊道按冷剪剪切线速度运行，并在辊道上备有电磁辊，以确保棒材的定位及头部对齐，确保棒材头部顺利喂入冷定尺剪的剪刃，尤其在生产大规格棒材时这一点更为重要。

2.5.6.3　冷却后棒材的定尺剪切

棒材经冷床自然冷却到100℃以下时，在冷飞剪机上进行定尺剪切。

该厂采用连续剪切线（CCL）进行定尺剪切。所用摆式冷剪可剪切运行中的棒材。棒材从离开冷床的最后一个槽开始，按预定剪切根数成层，传送系统再将棒材层送入冷飞剪进行定尺剪切，直到由冷剪输出辊道送到收集区。整个工艺过程可全部连续、自动地完成。

A　磁力输送棒材

在冷床输出辊道和冷剪之间安装有三个磁力辊道和磁力输送机（也称磁性链），以保证棒层头对齐和棒材间距固定，保证棒材连续、准确地进入冷剪导槽，防止棒材在辊道上打滑。

磁力输送机由一个可变交流电机驱动，工作制度为连续、可变速、无反转。该运输机上装有永磁板。磁力输送机与冷床输出辊道同步。

B　棒材层的定尺剪切

由冷床输出辊道和磁力输送机将棒材层送入摆动式冷飞剪。该剪可以对运动或静止的棒材层进行垂直剪切，将长约100～132m的倍尺棒材剪切成用户需要的定尺棒材。

某棒材厂的定尺冷剪技术性能见表2-9。

表2-9　定尺冷剪技术性能

形　式	摆动曲柄式飞剪
剪切能力	350t
剪刃行程	上剪刃行程+下剪刃行程−150mm + 20mm = 170mm
剪切主轴转速/r·min⁻¹	161（最大）
最大剪切速度/m·s⁻¹	1.5
剪切周期/s·次⁻¹	2.8（最大）
剪刃宽度/mm	800
剪切精度/mm	±15

两台直流调速主电机带动一台减速机传动，其功率为430kW+430kW；调速范围为0～800r/min；冷剪的摆动臂长1500mm，摆动角11.23°。

在冷剪入口处设有一个由气缸控制的翻板，用来排除剪切后的棒材尾端料头。另外还设有一个由气缸控制的上压板，用来保证棒材头部顺利进入剪刃导槽。压板的位置根据所剪切棒材的直径预先自动设定，棒材直径超过12mm时压板升起，对于直径小于或等于

12mm 的棒材，压板保持在下降位置。

为了保证剪切钢材质量和提高剪切能力，小规格棒材采用双斜度平剪刃剪切，大规格的棒材采用带槽剪刃剪切。剪切直径为 12~50mm 的所有规格棒材时共需 7 种剪刃，每种剪刃的剪切品种、规格、开槽数量、开槽间距以及剪刃形状都有明确规定。

C 定尺棒材的输送、计数与收集

棒材经冷剪切成定尺后进入由双辊道及链式运输机、棒材计数器、分棒装置及可动收集筐组成的棒层移送装置。链式运输机共有两个床体，靠近冷剪一侧的称为 B 床，远离冷剪的称为 A 床，每个床体的后部工序均设有分棒装置、料筐运输装置、辊道、打捆机和链式卸捆床，各成一条生产线。双辊道即是两条生产线的分界之处。每个床体可放置棒材最大定尺长度为 12m。

冷剪第一剪棒材沿冷剪后出口辊道首先进入 B 床第一排辊道，然后继续前进，进入 A 床第一排辊道，此时第二剪棒材已进入 B 床第一排辊道，在棒材头部到达辊道端部前 1~2m 时，两个床体辊道下边的小辊道盖板由两个小车托起，这样棒材在小盖板上停止运动，此时第三剪、第四剪棒材已经可以进入第一排辊道。小车向入口链式输送机方向横移，使棒材到达第二排辊道位置，小车下降使盖板上平面高度低于辊道上面，便将第一剪和第二剪棒材分别放在 A 床和 B 床的第二排辊道上。两组辊道分别向两侧旋转，棒材分别撞到 A、B 床挡板，使棒材头部对齐，此时小车在低位返回至第一排辊道下面，准备托起第三剪、第四剪棒材，托起并横移的同时，也把第一剪、第二剪的棒材托起并横移至第一段链式运输机的链床上面。两排辊道小盖板为一个车体，车体横移行程为 1250mm，升降行程为 363.7mm，动作周期与冷剪的生产节奏同步。为防止棒材在第一排辊道上打滑，辊道上安装有 5 个电磁辊道。

由冷剪过来的定尺棒材，如发现有缺陷或定尺超短时，由人工在辊道上剔出，并放置于收集槽内。

棒材经入口链式输送机、中间链式输送机和出口链式输送机被移送到棒材计数器处，按打捆要求对棒材计数。棒材计数器由一个棒材分离丝杠、计数轮和一个计数光电管组成。

每个计数器的最大生产能力为 9 支/s，精度为 99.9%（1000 支以上棒材）。

螺旋丝杠的螺纹和计数轮的齿形根据产品规格而变化，大于 φ32mm 的棒材计数时不用螺旋丝杠，而是直接由计数轮和光电计数器完成计数。

该计数器只用于按棒材根数打捆的情况。当按层数打捆时，不使用该装置。

按棒材根数或按层数计数后的棒材经分棒装置传送到收集筐中。分棒装置的主要设备有转动导板、挡板、刮轮、保持板、齐头装置和卸料板等。

当按根数收集时，若棒材直径小于 20mm，则通过计数器的棒材由一组转动导板分离并沿着挡板传送到保持板中，在齐头装置齐头后由保持板将棒材卸入卸料板中，然后由卸料板将棒材放入可移动收集筐中。

若棒材直径大于或等于 20mm，则计数后的棒材由位于计数器一侧的一个转动导板（形状与上述不同）与一组刮轮配合，直接传送到可动收集筐中。此时，其他转动导板、挡板、齐头装置、保持板和卸料板均退出生产线。

D 棒捆的传送、称量与收集

与 A、B 床相配合，设有 A、B 两个相对应的收集站，由收集筐卸下的棒材由传送辊道传送到打捆站打成棒捆。传送辊道完成棒捆的打捆定位、打捆后，向收集传送链传送打好捆的棒材。将打好捆的不同定尺长度的棒材传送到称重站。

棒捆收集站 A 和 B 均可分成两个完全独立的 A1、A2 和 B1、B2 两部分。对棒长 6m 的捆，收集站的两部分 A1 和 A2 或 B1 和 B2 相互独立动作。工作顺序为第一捆送到 A1 或 B1，第二捆送到 A2 或 B2，以后往复循环。对于大于 6m 长的棒捆，A1 和 A2 或 B1 和 B2 将同时工作，形成一个收集站，每次只能接收一个棒捆。

每个棒捆收集站都由两段收集链和一个称重系统组成。收集链的运行方式（单/双）已在传送辊道运行过程中根据定尺长度预先选定。

当传送辊道将棒捆传送到预定位置后，可升降的传送链升起并将棒捆向前传送到电子秤，然后，第一段可升降链下降并开始称重。

称重站位于可升降链的中部，为压力传感式称重系统，称重范围为 1000~5000kg，称重刻度 1kg，称量精度为量程的 0.1%。该称重系统还包括一台显示终端、一台打印机和一台字母数据键盘，可输入、显示、打印。打印的内容包括标准、规格、炉号、钢种、检验者、日期、小时、捆重和总重。该系统可将上述内容传送给标牌打印机，并且能够存储当班每捆棒材的炉号和质量。

第二段水平传送链用来收集称重后的棒捆。当电子秤发出称重结束信号后，可升降链升起并将棒捆传送到水平链入口，然后可升降链下降准备进行下一个循环，同时，水平链按预定距离向前移动棒捆，并在水平传送链上完成挂牌工作。

按国家标准规定，成捆交货的钢材每捆至少要挂两个标牌，标牌上应有供方名称（或厂标）、牌号、炉批号、规格、质量等印记。唐钢棒材厂采用两种标牌，一种用于国内交货，另一种用于出口的钢材。

2.6　小型棒材轧机的主要新技术

20 世纪 80 年代中期以来，由于机械加工和电气控制技术的进步、孔型设计的改进，特别是上游连铸技术的进步，小型棒材轧机产生了根本性的变革。连续化、规模化的小型棒材轧机更注意与炼钢和连铸的合理衔接。小型棒材轧机不是规模越大越好，也不是越小越好，而是要与炼钢、连铸配合得当，在满足市场要求的前提下，使炼钢、连铸、小型棒材轧机都能发挥最高的效率，都能在经济规模下运行，以求得企业的整体效益；同时要注意产品质量和节能，提高轧机的灵活性，以适应市场的需要。小型棒材轧机的新工艺和新设备简单介绍如下。

2.6.1　步进式加热炉

可供选择的小型棒材轧机钢坯加热炉炉型有：推钢式加热炉和步进式加热炉。

推钢式加热炉是各种类型轧机选用的传统炉型，由于其具有结构简单、机械设备少、操作简便、投资少等优点曾被广泛应用。其固有的缺点是加热钢坯断面温差大，无法消除水冷黑印；加热时间长，氧化和脱碳严重；容易产生黏钢、拱钢和钢坯划伤事故。

为保证加热质量，特别是满足小型棒材轧机对钢坯在断面和长度方向上温度梯度的要求，以及防止高碳钢、弹簧钢、轴承钢的脱碳，新建的小型棒材轧机多采用步进式加热炉。

步进炉较推钢式炉有如下主要优点：

（1）加热均匀，断面温差可小于 20℃；无水冷黑印和阴阳面。

（2）加热速度快，氧化少，可减少脱碳。

（3）不会产生拱钢、黏钢事故；可防止划伤。

（4）操作灵活方便。

步进炉又分为步进底式炉、步进梁底组合炉和步进梁式炉。在选择炉型时应根据钢坯的断面尺寸和钢种的加热要求综合考虑。在一般情况下，加热方坯断面尺寸在 120mm×120mm 以下时可选用步进底式炉；方坯断面尺寸在 120mm×120mm ~ 150mm×150mm 时可选用部分上下加热的梁底组合式步进炉；当方坯断面尺寸大于 150mm×150mm 和加热合金钢时宜选用步进梁式加热炉。

2.6.2　高压水除鳞

为了保证小型材特别是优质钢和合金钢小型材的表面质量，在加热炉后粗轧机组之前设置了高压水除鳞装置，以去除加热产生的表面氧化铁皮。高压水的工作压力达 20 ~ 22MPa。前几年建的小型棒材轧机在粗轧机前、粗轧与中轧之间、精轧机前都设置除鳞机。据近年来实践所取得的经验，影响表面质量的主要是加热炉产生的一次氧化铁皮，因此，在粗轧机前设置一台防鳞装置就可以了，除鳞速度要在 0.8 ~ 1.5m/s。为此，将加热炉与粗轧机拉开一定的距离，为的是除鳞的速度不受粗轧机咬入速度的限制。前几年为减少高压泵的容量，在高压水系统中设有蓄水器，近年来的新设计多采用直通式供水，可取消蓄水器，使高压供水系统大大简化。

2.6.3　在线尺寸检测

激光的单向性和抗干扰性优于其他任何波长的光波，以此为原理设计的激光测径仪用于在线测量轧件尺寸。安装在小型棒材轧机精轧机出口处的测径仪连续地旋转，可精确地连续测量轧件在水平/垂直和与水平夹角为 45°方向上的尺寸，并可将结果显示和存储在计算机系统中。操作人员可根据显示的结果，及时了解生产过程中的轧件尺寸精度，在接近超过规定精度时及时对轧机进行调整，以减少废品，方便调整操作。

2.6.4　自动堆垛机

型钢在线自动堆垛机已使用多年，传统的堆垛机是单个或两个旋转磁头的堆垛机，在中型和小型棒材轧机中对堆垛机进行改革已是刻不容缓。堆垛机改革的主要内容是：自动化水平的升级（应用 PLC）；提高产量（减少周期时间）；可靠性和操作的可重复性；更好的堆垛形状（好的几何形状，捆线或捆带）。现在打捆-双磁头衬垫堆垛机和摆式堆垛机已成功使用。磁性堆垛机因要对轧件退磁，结构复杂，非磁性堆垛机的使用会越来越多。

 复习思考题

2-1 螺纹钢的使用性能要求是什么？

2-2 常见的轧制缺陷及预防措施是什么？

2-3 滚动导卫由几部分构成？各起什么作用？

2-4 简述螺纹钢棒材的控冷工艺。

3 螺纹钢产品质量控制

3.1 产品缺陷及质量控制

3.1.1 螺纹钢使用的质量要求

随着国民经济的高速发展，作为螺纹钢主要用户的工业及民用建筑、水利工程、道路桥梁的建设对螺纹钢的品种及质量要求越来越严格，特别是对强度级别、综合性能的要求越来越高，较高强度级别螺纹钢（HRB400）的消费比例逐年提高。这种趋势促进了螺纹钢生产技术的发展，HRB500甚至更高级别的螺纹钢生产已列入生产企业的发展规划。

螺纹钢产品按国家标准分为两类：

（1）钢筋混凝土用热轧带肋钢筋，指经热轧成型并自然冷却的横截面通常为圆形，且表面通常带有两条纵肋和沿长度方向均匀分布的横肋的钢筋。其横肋的纵截面呈月牙形，且与纵肋不相交。产品规格通常为φ6~50mm，牌号为HRB335、HRB400、HRB500。

（2）钢筋混凝土用余热处理钢筋，指经热轧成型并经余热处理的带肋钢筋，其外形与热轧带肋钢筋相同。产品规格通常为φ8~40mm，牌号为KL400。

由于生产工艺及用户使用的需要，螺纹钢产品φ6~10mm规格的一般以盘条状态交货，φ12~50mm规格的则以直条状态交货。

对螺纹钢质量的要求是必须保证建筑构件的安全性能，其使用性能要求主要为以下几点：

（1）疲劳强度。显示较低载荷反复作用下的疲劳强度是钢筋研发阶段和制定设计规范前必须考核并做出评价的性能之一，影响疲劳强度的主要因素有应力集中、组织不均匀性以及环境条件，表面平滑的钢筋抗疲劳性能较好，表面形状变化较大的钢筋易在形状突变处应力集中而诱发疲劳破坏。

（2）应力松弛性能。钢筋在长时受力下应力松弛的现象，将增大结构变形、降低结构耐久性，本质上是由于钢材内部位错的消散和间隙原子的脱溶引起的。

（3）低温性能。随着环境温度下降，钢筋的拉伸性能、冲击韧性的变化，尤其是对焊接的适应性及焊接接头性能的变坏，将严重影响钢筋混凝土结构的稳定性和耐久性。

（4）耐蚀性。因混凝土掺水而引起钢筋的锈蚀，最终将导致结构的损毁。对于特殊环境下的结构，如码头、桥墩、海底建筑等，设计部门的主导意见是对钢筋进行镀锌处理，或采用不锈钢钢筋，设计寿命则由30年延至100年。

（5）耐久性。耐久性影响结构的工作寿命，直径较细的钢筋对锈蚀比较敏感。影响锈蚀的主要因素是环境、混凝土保护层和钢筋表面状态（是否有防护层）。港工、水工、化工、市政工程对耐久性有较高要求。

（6）交货状态。交货状态对施工影响很大。φ12mm及以上的钢筋以直条交货，在结构配筋中形成许多接头。细钢筋一般以盘条交货，减少了接头，但使用前须增加调直工序，对强度有一定影响。

为保证使用性能，螺纹钢必须具备的基本性能有以下几点：

（1）强度是钢筋最基本的性能。一般受力钢筋强度越高，性能就越好，但也有一定限度。由于钢材弹性模量基本为一常值（$E = 2.0 \times 10^5 \, MPa$），强度过高时高应力引起的大变形（伸长）将影响正常使用（挠度、裂缝）。因此，混凝土结构中钢筋设计强度限为360MPa，太高的强度没有意义。提高强度主要靠材质改进（合金化）；也可通过热处理和冷加工提高强度，但延性损失太大；变形钢筋的基圆面积率（扣除间断横肋后承载截面积与公称面积之比）对强度也有一定影响。

（2）延性是钢筋的变形能力，通常用拉伸试验测得的伸长率来表达，屈强比也反映了其延性。但目前通用的伸长率指标（A_5、A_{10}、A_{100}）因标距不同，只反映颈缩区域的局部残余变形，且断口拼接测量误差较大，难以真正反映钢筋的延性。目前，国际上已开始用最大拉力下的总伸长率（均匀伸长率 A_{gt}）来描述钢筋的延性，是比较科学的指标，见表3-1。影响钢筋延性的因素是材质，碳当量加大虽能提高强度，但延性降低。钢筋冷加工后值呈数量级减小（A_{gt} 由加工前超过20%降到加工后的2%左右），而且随时效的进行变形仍有发展，面缩率较大时还具有脆性。抗震结构对受力钢筋有明确的延性要求。

表 3-1　钢筋的延性要求分级

指　标	R_m/R_e	$A_{gt}/\%$	钢筋类型
中等延性钢	1.05	2.5	冷加工钢筋
高延性钢	1.08	5.0	热轧钢筋（热处理、微合金化钢筋）
抗震钢	1.15	8.0	热轧钢筋（热处理、微合金化钢筋）
	$R_{e.act}/R_{e.c} < 1.3$		

（3）冷弯性能是为满足钢筋加工的要求。在弯折、弯钩或反复弯曲时，钢筋应避免裂缝和折断。延性好的钢筋弯弧内径小，施工适应性强。

（4）焊接性能是钢筋应用时应考虑的问题。碳当量较高时焊接性能变差，超过0.55%时不可焊。通过热处理、冷加工而强化的钢筋，焊接会引起焊接区钢筋强度的降低，使用时应予以注意。

（5）锚固性能及锚固延性（大滑移时仍维持锚固）是钢筋在结构中与混凝土共受力的基础。光面钢筋靠胶结及摩擦，受力性能较差；变形钢筋以咬合作用受力，与其外形有关，取决于钢筋的横肋高度、肋面积比（横肋投影面积与表面积之比）以及混凝土咬合齿的形态。

（6）质量的稳定性对受力钢筋十分重要。规模生产的钢筋产品一般均质性好，质量稳定。小规模作坊式生产的冷加工钢筋一般离散度大，力学性能不稳定，不合格率高。在母材不稳定和缺乏管理和检验的情况下将十分严重，往往影响结构的安全可靠性。

为保证螺纹钢的基本性能，我国国家标准在其交货技术条件中规定的主要质量内容为：化学成分、力学性能、工艺性能、外形尺寸及表面质量等。

3.1.1.1　化学成分、力学性能及工艺性能

钢的化学成分直接影响着钢材的力学及工艺性能，是螺纹钢质量控制的重点。化学成

分、成分偏析、表面缺陷、内部缺陷、非金属夹杂是螺纹钢生产检验炼钢、连铸工序产品质量的主要内容。其中，炼钢工序的成分控制尤为重要，为保证钢材在使用中的均质性，一般都要求同一批次的化学成分波动控制在很小的范围内。我国标准规定的化学成分允许范围比较大，随着炼钢技术的不断进步，目前生产的螺纹钢化学成分都能控制在预期的范围内。特别是对由于我国螺纹钢成分体系缺陷而产生的螺纹钢直径效应，生产企业大都采用将成分控制范围细分，以不同成分范围的坯料生产不同规格的螺纹钢的方法来保证螺纹钢的使用性能。

力学性能是螺纹钢使用最重要的质量指标，其内容主要包括屈服强度、抗拉强度、伸长率及面缩率等，特殊用户还会要求屈强比等内容。

工艺性能是保证螺纹钢在用户加工过程中不被破坏的质量指标，主要内容就是弯曲性能和反弯性能。

对于力学性能和工艺性能在满足有关标准或用户要求的前提下，还要满足均匀性要求，同一批次的钢筋性能差越小越好。

3.1.1.2　外形尺寸及表面质量

螺纹钢筋的外形尺寸主要是为满足力学性能和锚固性能提供保证，国家标准对螺纹钢外形各部位尺寸及其偏差都有详细要求，特别对各规格公称截面面积、理论质量、质量偏差做了严格的规定。

为保证螺纹钢筋的力学性能，钢筋表面不得有裂纹、结疤和折叠，但允许有不超过横肋高度的凸块及深度和高度不大于所在部位尺寸允许偏差的其他缺陷存在。

3.1.2　螺纹钢的生产特点及质量控制

3.1.2.1　螺纹钢的生产特点

螺纹钢在使用过程中重点要求的力学性能和工艺性能取决于化学成分，而锚固性能是由其外形来保证。在生产过程中，严格按国家标准规定的范围进行控制，产品质量基本都可满足使用要求。由于我国标准规定的成分控制范围都比较大，在冶炼过程中可通过调整各元素含量组合，来确保最终产品的力学性能，另外在轧制过程中还可采用低温轧制、控轧控冷等技术来进一步改善其综合性能。螺纹钢属于简单断面型钢，外形尺寸取决于孔型设计，虽然尺寸偏差控制严格，但轧制工艺比较简单，先进的生产线作业效率非常高，现代化的生产车间其日历作业率一般都可达85%以上，成材率、定尺率也都接近100%，年产量最高已达 1.2×10^6 t。由此可看出，螺纹钢的生产特点是工艺简单、调整灵活、控制严格、生产效率较高。

3.1.2.2　炼钢过程中的质量控制

坯料的冶金质量对最终产品的质量起决定性的作用，产品的许多内部和外部缺陷究其原因是由于坯料的冶金质量不良所致。如最终的力学性能不合格，多是由于坯料的化学成分不合格、偏析严重、夹杂物过多或形态不均所引起的；如发生在钢材表面的裂纹、发裂、麻点等，大多数是由连铸坯的皮下气泡或重皮造成的。这些缺陷除影响产品的外观和内在质量外，还会使轧制过程产生事故，如劈头、撕裂等会在轧制过程中引起堵钢、缠辊等事故。因此，为保证坯料的冶金质量，对炼钢工序全过程的质量控制显得尤为重要。

冶炼过程的质量控制包括：

（1）精确控制钢水成分。钢液中碳、锰、硅及主要合金元素含量波动要小，硫、磷、氧、氢、氮等有害杂质要尽量少。我国标准规定碳含量允许波动范围为0.08，而国外产品碳含量的波动量仅为0.02%。尽管转炉有一定的脱硫能力，为控制硫含量还是要控制投入铁水的硫含量，一般不超过标准规定的50%，实物含量常在标准规定的1/3左右。

（2）保持高的纯净度。冶炼后的钢水必须与钢渣分离，要挡渣出钢或扒渣出钢，不允许钢水和渣同时倒入钢包中，钢渣相混会造成夹杂。

（3）温度波动范围要小，过热度要控制在15℃。

连铸过程中的质量控制包括：

（1）挡渣出钢和保护浇铸。钢水在浇铸过程中采用保护渣、长水口、惰性气体保护等，使钢水在成坯的过程中完全避免和空气接触而产生二次氧化，以减少铸坯内部的氧化物夹杂。

（2）液面控制。使钢液在结晶器内保持恒定的高度，以控制所要求的浇铸速度。

（3）浇铸温度控制。为保证正常的浇铸和铸坯质量，要保持钢液在中间包中的适当过热度，通常过热度控制在30℃左右。

（4）铸坯表面质量控制。采用气雾冷却和多点矫直技术，控制坯料表面温度波动和分散表面变形率，减少连铸坯表面由于热应力和变形应力而造成的裂纹。

3.1.2.3 轧钢过程中的质量控制

轧钢工序是螺纹钢生产的最后也是最重要的工序，对工序全过程的控制水平直接影响着产品最终的力学性能、几何尺寸和表面质量。严格的温度控制、轧制过程控制和冷却控制，是产品最终质量的保证。

A 温度控制

（1）加热温度控制。钢坯的加热温度实际上包括表面温度和沿断面上的温度差，有时还包括沿坯料长度方向上的温度差。钢坯在炉内的最终加热温度是考虑了轧制工艺、轧机的结构特点以及炉子的结构特点等实际情况后确定的。加热到规定的温度和断面温差所需的时间，取决于坯料的尺寸、钢种、加热方式、采用的温度制度以及一些其他条件。在螺纹钢生产过程中，钢坯的加热通常采用三段连续式加热炉，均热段温度一般控制在1200~1250℃，上加热段温度控制在1250~1300℃，下加热段温度控制在1280~1350℃。为保证钢坯加热温度均匀，要严格控制加热速度，防止速度过快造成坯料内外温差过大；正确调整炉内温度使沿炉宽各点的温度保持均匀，在加热段确保下加热温度高于上加热温度20~30℃，尽量减少坯料长度上和钢坯上下面的温度差；在均热段还要有足够的保温时间，以利于进一步提高钢坯加热温度的均匀性。

（2）轧制温度的控制。轧制温度控制包括开轧温度控制和终轧温度控制，轧件温度的变化受加热炉的加热质量、轧制工艺、轧机布置方式等的制约，因此，不同形式的生产线应结合各自的实际情况确定其轧制温度。为保证轧制过程和轧件尺寸的稳定，开轧温度通常控制在1050~1150℃，终轧温度则控制在850℃以上；在比较先进的全连轧生产线上，由于轧制速度较快，轧制过程的温升大于温降，为达到改善产品性能和节能的目的，可将开轧温度控制在 900 ~ 950℃。

　　B　轧制过程控制

轧制是保证产品尺寸精度的关键工序，轧制过程中的温度、张力、轧槽及导卫的磨损、轧机的调整、轧辊及导卫的加工和安装都直接影响着产品的尺寸精度。

轧件的温度波动直接影响其变形状态和变形抗力的大小，从而造成轧件尺寸的波动。所以在轧制过程中要严格控制轧制温度，使轧制温度尽可能保持一致。

在连轧生产中，张力是不可避免的，特别在粗中轧机组由于轧件断面较大且机架间距较短，只能采用张力轧制。而张力的波动又是影响尺寸精度的最关键因素，因此在轧制过程中，应通过电传系统的精确调整，严格控制张力波动，在实现微张力轧制的前提下，确保张力的恒定。

轧机、轧辊、导卫等工艺装备的加工、安装、调整以及在使用过程中的磨损直接影响着轧件的尺寸精度，因此，要严格按工艺设计的要求来进行工艺装备的加工和安装，在轧制过程中，严格执行工艺规程，及时调整或更换磨损的工艺装备。

　　C　冷却过程控制

螺纹钢的轧后冷却，一般采用自然空冷和控制冷却两种方式，由于冷却速度直接影响钢筋性能，不均匀冷却必然造成性能的不均，因此，不管采用何种冷却方法，均应保证冷却的均匀性，在生产过程中保持头尾以及每支钢之间冷却速度一致。

3.2　产品质量的检验

　　GB 1499.2—2013 标准的检验规则中将螺纹钢的检验分为特性值检验和交货检验。特性值检验适用于：（1）第三方检验；（2）供方对产品质量控制的检验；（3）需方提出要求，经供需双方协议一致的检验。交货检验适用于钢筋验收批的检验。对于组批规则、不同检验项目的测量方法及位置、取样数目、取样方法及部位、试样检验试验方法等，标准中都做了详细的规定。此外，对复验与判定，标准做出了"钢筋的复验与判定应符合GB/T 17505的规定"的要求。

3.2.1　常规检验

　　在螺纹钢生产线上，为及时发现废品，减少质量损失，通常把质量的常规检验设置在成品包装前的输送台架上。因此，大多数厂家把包装前输送台架称为检验台架，质检人员在此完成螺纹钢的外形尺寸及表面质量的检验和其他检验项目的取样工作。

3.2.1.1　外形尺寸

钢筋的外形尺寸要求逐支测量，主要测量钢筋的内径、纵横肋高度、横肋间距及横肋末端最大间隙、定尺长度及弯曲度等。测量工具为游标卡尺、直尺、钢卷尺等。

带肋钢筋横肋高度的测量采用测量同一截面两侧横肋中心高度平均值的方法，即测取钢筋最大外径，减去该处内径，所得数值的一半为该处肋高，应精确到 0.1mm。当需要计算相对肋面积时，应增加测量横肋四分之一处高度。

带肋钢筋横肋间距采用测量平均肋距的方法进行测量。即测取钢筋一面上第 1 个与第 11 个横肋的中心距离，该数值除以 10 即为横肋间距，应精确到 0.1mm。

长度测量一般采用抽检的方法，按一定的时间间隔进行测量，其长度偏差按定尺交货时的长度允许偏差为 ±25mm，当要求最小长度时，其偏差为 +50，当要求最大长度时，其偏差为 -50。

弯曲度也采用定时抽检的方法进行测量，一般用拉线的方法测量弯曲度，弯曲度应不影响正常使用，总弯曲度不大于钢筋总长度的 0.4%。当发现有明显弯曲现象时应逐支测量。

3.2.1.2 表面质量

钢筋的表面质量应逐支检查。通常采用目视、放大镜低倍观察和工具测量相结合的方法来进行。其要求是钢筋端部应剪切正直，局部变形应不影响使用。钢筋表面不得有影响使用性能的缺陷，表面凸块不得超过横肋的高度。

3.2.1.3 取样

GB 1499—1998 要求每批次钢筋应做两个拉伸、两个弯曲和一个反弯试验以检验钢筋的力学性能和工艺性能。这些检验的样品通常也在检验台架上采集，在台架上任取两支钢筋，在其上各取一个拉伸和一个弯曲试样，再在任一支钢筋上取一反弯试样，同一批次不同检验项目的试样分别捆扎牢固，贴上注明批次、生产序号的标签送试验室进行检验。

若需对钢筋的化学成分进行检验时，可在上述试样做完力学性能检验后，任选其一送去进行化学成分检验。

3.2.2 质量异议处理

由于螺纹钢筋在用户使用前都要由工程监理进行最后的质量检验，所以其质量异议也都产生在最终使用之前。螺纹钢筋的质量异议一般可分为 4 类。

（1）不影响使用性能的质量异议。这类异议大多是由于对钢筋生产标准、钢筋使用性能及使用方法的认识差异所造成，可通过和用户的直接沟通，帮助用户解决使用中的问题，这类异议一般不会造成质量损失。

（2）不影响使用性能，但可造成用户使用成本增加的质量异议。如钢筋在生产、储存、运输过程中产生的弯曲、锈蚀、油污等，可通过让步的方法来处理，对用户给予一定的经济补偿或替用户进行使用前的预处理，降低用户的使用成本，达到使用户满意的目的，这类异议会造成不同程度的经济损失。

（3）严重影响钢筋使用性能的质量异议。由于在生产过程中对质量控制、检验的缺失使不合格品流入到用户手中而产生的质量异议，可通过退货、换货的方法来处理，如果延误了用户的工期，还要对用户进行误工补偿。这类异议一旦发生，可能会造成生产者的重大经济损失。

（4）检验方法、检验设备造成的质量异议。由于螺纹钢筋的生产者和使用者在对钢筋质量进行检验时所使用的方法、设备不可能完全一致，不可避免地会造成检验结果的差异，双方应及时沟通，找出差异产生的原因，若达不成共识，可提请双方一致认可的质量检测机构重新进行检测产品缺陷分类和原因。

3.2.3　产品缺陷分类和原因

在螺纹钢筋的整个生产过程中，由于生产设备、生产环境、工艺参数处于不断的变化之中，从冶炼、连铸到轧制各工序都会产生一些质量缺陷，这些缺陷会不同程度的对最终的螺纹钢筋产品质量产生影响，本节重点对影响最终产品质量的主要铸坯和轧钢缺陷进行分类和分析，以期在螺纹钢的生产中，尽量减少产品缺陷，降低生产过程中的质量损失。

3.2.3.1　铸坯缺陷

A　偏析

偏析是连铸坯的一个重要的质量问题，连铸坯断面越小偏析越严重。其产生的原因是由于结晶器内钢液凝固时间不一致，柱状晶生长不均衡，使得碳等合金元素及硫、磷等富集于凝固最晚的部分，形成化学成分的偏析。这种偏析通常会伴生着疏松甚至出现缩孔。连铸坯的偏析降低了金属的强度和塑性，严重地影响着钢筋的力学和工艺性能。扩大连铸坯断面尺寸，严格控制钢水过热度，降低磷、硫、锰的含量及采用电磁搅拌可有效地减少偏析缺陷。

B　中心疏松

在连铸坯结晶过程中，由于各枝晶间互相穿插和互相封锁作用，使富集着低熔点组元的液体被孤立于各枝晶之间。这部分液体在冷凝后，由于没有其他液体的补充，会在枝晶间形成许多分散的小缩孔，从而形成连铸坯的中心疏松。如果疏松严重，会影响成品钢筋的力学性能。

C　缩孔

连铸时金属由四周向心部凝固，心部液体凝固最晚，会在心部形成封闭的缩孔。如果仅四周及底部的金属先凝固，则在铸坯的上部形成开口的缩孔。封闭的缩孔在轧制时如不与空气接触可以焊合，较大的缩孔，再轧制时可能造成轧卡事故。开口缩孔往往会造成劈头、堆钢事故。

D　裂纹

连铸坯的裂纹可分为角部裂纹、边部裂纹、中间裂纹和中心裂纹。角部裂纹在铸坯的角部，距表面有一定的深度，并与表面垂直，严重时沿对角线向铸坯内扩展。角部裂纹是由于铸坯角部的侧面凹陷及严重脱方，使局部金属间产生的拉应力大于晶间结合力所造成的。边部裂纹分布在铸坯四周的等轴晶和柱状晶交界处，沿柱状晶向内部扩展，是由鼓肚的铸坯通过导辊矫直时变形引起的。中间裂纹在柱状晶区域产生并沿柱状晶扩展，一般垂直于铸坯的两个侧面，严重时铸坯中心的四周也同时存在，是由铸坯被强制冷却时，产生的热应力造成的。中心裂纹在靠近中心部位的柱状晶区域产生并垂直于铸坯表面，严重时可穿过中心。是由于铸速过高，铸坯在液芯状态下通过导辊矫直，所承受的压力过大所致。凡是不暴露的内部裂纹，只要再轧制时不与空气直接接触可以焊合，不影响产品质量，但焊合不了的裂纹影响钢筋的力学性能。

3.2.3.2 轧钢缺陷

A 结疤

结疤呈舌状、块状、鱼鳞状嵌在钢筋表面上。其大小厚度不一，外形有闭合或不闭合、与主体相连或不相连、翘起或不翘起、单个或多个，呈片状。铸钢造成的结疤分布不规则，下面有夹杂物。产生原因：

（1）铸锭（坯）表面有残余的结疤、气泡或表面清理深宽比不合理。

（2）轧槽刻痕不良，成品孔前某一轧槽掉肉或黏结金属。

（3）轧件在孔型内打滑造成金属堆积或外来金属随轧件带入槽孔。

（4）槽孔严重磨损或外物刮伤槽孔。

B 裂纹

裂纹一般呈直线状、有时呈"Y"状。其方向多与轧制方向一致，缝隙一般与钢材表面相垂。产生原因：

（1）铸锭（坯）皮下气泡、非金属夹杂物经轧制破裂后暴露或铸锭（坯）本身的裂缝、拉裂未清除。

（2）加热不均、温度过低、孔型设计不良、加工不精或轧后钢材冷却不当。

（3）粗轧孔槽磨损严重。

C 折叠

折叠是沿轧制方向，外形与裂缝相似，与钢筋表面呈一定斜角的缺陷。一般呈直线状，也有锯齿状，通长或断续出现在钢筋表面上。产生原因：

（1）成品孔前某道轧件出现耳子。

（2）孔型设计不当，槽孔磨损严重，导卫装置设计、安装不良等，使轧件产生"台阶"或轧件调整不当、轧件打滑产生金属堆积，再轧时造成折叠。

D 凹坑

凹坑是表面条状或块状的凹陷，周期性或无规律地分布在钢筋表面上。产生原因：

（1）轧槽、滚动导板、矫直辊工作面上有凸出物，轧件通过后产生周期性凹坑。

（2）轧制过程中，外来的硬质金属压入轧件表面，脱落后形成。

（3）铸锭（坯）在炉内停留时间过长，造成氧化铁皮过厚，轧制时压入轧件表面，脱落后形成。

（4）粗轧孔磨损严重，啃下轧件表面金属，再轧时又压入轧件表面，脱落后形成。

（5）铸锭（坯）结疤脱落。

（6）轧件与硬物相碰或钢材堆放不平整压成。

E 凸块

凸块是钢筋除横肋外表面上周期性地凸起。产生原因：成品孔或成品前孔轧槽有砂眼、掉块或龟裂。

F 表面夹杂

表面夹杂一般呈点状、块状或条状机械黏结在钢筋表面上，具有一定深度，大小形状无规律。炼钢带来的夹杂物一般呈白色、灰色或灰白色；在轧制中产生的夹杂物一般呈红色或褐色，有时也呈灰白色，但深度一般很浅。产生原因：

（1）铸坯带来的表面非金属夹杂物。

（2）在加热轧制过程中偶然有非金属夹杂物（如加热炉耐火材料、炉底炉渣、燃料的灰烬）黏在轧件表面。

G　发纹（又称发裂）

发纹是在型钢表面上分散成簇断续分布的细纹，一般与轧制方向一致，其长度、深度比裂纹轻微。产生原因：

（1）铸锭（坯）皮下气泡或非金属夹杂物轧后暴露。

（2）加热不均、温度过低或轧件冷却不当。

（3）粗轧孔槽磨损严重。

H　尺寸超差

尺寸超差指钢筋各部位尺寸超过标准规定的偏差范围。产生原因：

（1）孔型设计不合理。

（2）轧机调整操作不当。

（3）轴瓦、轧槽或导卫装置安装不当，磨损严重。

（4）加热温度不均造成局部尺寸超差。

（5）张力及活套存在拉钢。

I　横肋尺寸超差

横肋尺寸超差（横肋瘦）是指横肋高度及体积均小于标准要求的偏差值。产生原因：

（1）孔型设计不合理，成品前的红坯尺寸偏小。

（2）张力及活套存在拉钢。

J　扭转

扭转是指钢筋绕其纵轴扭成螺旋状。产生原因：

（1）轧辊中心线相交且不在同一垂直平面内，中心线不平行或轴向错动。

（2）导卫装置安装不当或磨损严重。

（3）轧机调整不当。

K　弯曲

弯曲是指钢筋沿垂直方向或水平方向不平直现象。一般为波浪弯，有时也出现反复的水波浪弯或仅在端部出现弯曲。产生原因：

（1）成品孔导卫装置安装不良。

（2）轧制温度不均、孔型设计不当或轧机操作不当。

（3）冷床不平、移钢齿条不齐、成品冷却不均。

（4）热状态下成品吊运或堆放不平整，造成吊弯、压弯等。

（5）成品孔出口导板过短或轧件运行速度过快，撞挡板后容易出现端部弯曲。

（6）冷剪机剪刀间隙过大或剪切枝数过多，造成头部弯曲。

L　切头变形

切头变形是指经冷剪剪切后钢筋头部呈马蹄形或三角形，常与头部弯曲伴生。产生原因：

（1）剪刀间隙过大。

（2）剪刀磨钝。

（3）剪切量过大。

M　质量超差

质量超差是指螺纹钢筋每米质量低于标准规定的下限值，常与尺寸超差伴生。产生原因：

（1）孔型设计不合理。

（2）负公差轧制过程中，当成品孔换新槽时，负差率过大。

（3）轧钢调整不当。

（4）成品前拉钢。

3.3　产品性能检测

GB 1499.2—2013 对螺纹钢筋的性能检测也做了详细的规定，力学性能检验和弯曲及反向弯曲检验也是产品质量检验的常规检验项目，并且是螺纹钢筋出厂检验最重要的项目。

3.3.1　力学性能检测

力学性能试验通常在企业质检中心的试验室进行，钢筋的力学性能试验试样不允许进行车削加工，钢筋的屈服强度、抗拉强度、断后伸长率、最大力总伸长率等力学性能特性值，GB 1499.2—2013 均规定了交货检验的最小保证值。力学性能特性值的检验结果均应符合 GB 1499.2—2013 的要求。

牌号带"E"（例如 HRB400E、HRBF400E）的钢筋，还应满足下列要求：

（1）钢筋实测抗拉强度与实测屈服强度之比及 R_m^o/R_{el}^o 不小于 1.25。

（2）钢筋实测屈服强度与 GB 1499.2—2013 规定的屈服强度特性值之比 R_m/R_{el} 不大于 1.30。

对于没有明显屈服强度的钢，屈服强度特性值 R_{el} 应采用规定非比例伸长应力 $R_{P0.2}$。

根据供需双方协议，伸长率类型可从 A 或 A_{gt} 中选定。如伸长率类型未经协议确定，则伸长率采用 A_{gt}。

计算钢筋强度用截面面积采用 GB 1499.2—2013 规定的公称横截面面积。

最大力下的总伸长率 A_{gt} 的检验，除按 GB/T 228 的有关试验方法外，也可采用 GB 1499.2—2013 附录 A 的方法。

对检验不合格的批次，可重新取样进行复验，复验样的采集仍按标准规定进行。复验仍不合格的批次，应按废品处理。

3.3.2　工艺性能检测

在工艺性能检验项目中，弯曲和反弯试验的要求和力学性能试验要求相同。

弯曲性能检测：弯曲性按 GB 1499.2—2013 规定的弯芯直径弯曲 180°后，钢筋受弯曲部位表面不得产生裂纹。

反向弯曲性能检测：反向弯曲试验的弯芯直径比弯曲试验相应增加一个钢筋直径。先正向弯曲 90°后再反向弯曲 20°。经反向弯曲试验后，钢筋受弯曲部位表面不得产生裂纹。

　　反向弯曲试验时，经正向弯曲后的试样，应在 100℃ 温度下保温不少于 30min，经自然冷却后再反向弯曲。当供方能保证钢筋经人工时效后的反向弯曲性能时，正向弯曲后的试样也可在室温下直接进行反向弯曲。

　　疲劳性能试验是应需方要求，经供需双方协议来进行的，其技术要求和试验方法由供需双方协商确定。

　　焊接性能试验通常在钢筋产品的试生产阶段进行，其目的是确定该产品的焊接工艺，在正常生产中一般不进行焊接性能检验，当采用特殊的钢筋生产工艺（成分体系改变、冷却工艺变化）时，应重新进行焊接性能试验。

　　由于大多数螺纹钢筋生产企业不具备疲劳性能试验和焊接性能试验的能力，这两项试验一般都委托有能力的试验室来进行。

3.3.3　螺纹钢标准发展

　　我国最早制定的《钢筋混凝土结构用热轧螺纹钢筋》沿用 A3 钢，品种单一，无等级，至 YB 171—1963 列入 16Mn 钢筋，由于强度不足，后调整为 20MnSi 钢。至 YB 171—1969，形成了由屈服强度 235MPa 的 Ⅰ 级钢筋至屈服强度 590MPa 的 Ⅳ 级钢筋，还包括屈服强度 1420MPa 的预应力混凝土用热处理钢筋的系列。GB 1499.2—2013 将 ID 级带肋钢筋的屈服强度由 370MPa 调至 400MPa。

　　20 世纪 60 年代末至 70 年代初，是我国钢筋新品种开发的高峰期，除 Si-Mn 外，研制了 Si-V、Si-Ti、Si-Nb、Mn-Si-V、Mn-Si-Nb 等 5 个钢种系列近 20 个牌号。具有中国特色的是对硅元素的情有独钟，微合金化元素开始应用于钢筋生产。在以后的三十多年的一段时期内，20MnSi 钢筋几乎一统天下。

　　进入改革开放阶段，钢筋生产开始导入微合金化技术，并试生产调质型钢筋和轧后余热处理钢筋，GB 1499.2—2013 基本上与国际相接轨，但之后的若干年内生产与应用 335MPa 级钢筋的习惯倾向十分强烈，400MPa Ⅲ级钢筋的比例仅数十万吨，示范工程的推广阻力极大。在将 400MPa Ⅲ级钢筋纳入国家标准《混凝土结构设计规范》，并编制相应的设计手册后，我国钢筋生产的更新换代跨出了重要的一步，以不同工艺生产的 400MPa Ⅲ级钢筋年增长率达 85%。400MPa 热轧钢筋不同生产工艺情况见表 3-2。

表 3-2　400MPa 热轧钢筋不同生产工艺情况

工艺方法	牌　号	使　用　情　况
微合金化	20MnSiV	已在绝大多数企业生产，产品已得到市场认可
微合金化	20MnSiNb	目前仅有少数钢厂生产，产品已得到市场认可
微合金化	20MnTi	尚没有企业生产
余热处理	20MnSi	许多企业可以生产，并出口国外，但国内市场尚不认可
超细晶粒碳素钢轧制	Q235	目前尚在进一步试验中

　　近年来，由于微合金化元素价格的急剧上涨，用微合金化方法生产螺纹钢筋的成本压力越来越大，采用超细晶粒轧制来生产螺纹钢筋的工艺方法也日趋成熟，GB 1499.2—2013 的实施，无疑为这种新的资源节约型工艺方法的推广提供了强有力的保证。GB 1499.2—2013 与 GB 1499—1998 相比，适用范围增加了控轧细晶粒钢筋 HRBF335、

HRBF400、HRBF500 三种牌号；取消内径偏差规定；对力学性能各指标进行调整，提高延性指标，强度指标更趋合理；完善了检验规则，增加了特性值检验及其适用条件和特性值检验规则。

新标准在原有热轧钢筋的基础上，增加了控轧细晶粒钢筋，控轧细晶粒钢筋是在热轧过程中，通过控制轧制和控制冷却工艺，细化晶粒而形成的细晶粒钢筋，其生产工艺仍属热轧范畴，故新标准仍称《钢筋混凝土用热轧带肋钢筋》。

新标准中钢筋按强度等级仍分为 335MPa、400MPa、500MPa，与原标准一致。上述强度等级，能满足近期及相当长时间的设计和使用要求。

钢筋按生产控制状态分为热轧钢筋和控轧细晶粒钢筋两个牌号系列。热轧钢筋即原标准中牌号为 HRB 系列的钢筋。控轧细晶粒钢筋新设的牌号系列为 HRBF。生产企业应根据本企业设备和工艺条件，制定相应的生产工艺措施达到其晶粒度一般不大于 9 的要求，以区别于热轧钢筋。

按三个强度等级、两个牌号系列划分，新标准共有 HRB335、HRB400、HRB500 以及 HRBF335、HRBF400、HRBF500 共 6 个钢筋牌号。新标准还对适用于抗震结构的钢筋牌号进行了规定，对抗震等级较高的混凝土结构用钢筋，除满足已有牌号（例如 HRB400、HRBF400）的各项性能外，按结构设计要求，尚需满足新标准的性能要求，即钢筋实测抗拉强度与实测屈服强度之比 R_m°/R_{el}° 不小于 1.25；钢筋实测屈服强度与 GB 1499 规定的屈服强度特性值之比 R_{el}/R_e 不大于 1.30。为表明其与已有牌号钢筋的不同，又避免钢筋牌号过多对生产和使用带来不利影响，新标准规定，在满足原有牌号钢筋性能基础上，能满足抗震性能的钢筋，其牌号采用在已有牌号后加 E 来表示，例如 HRB400E、HHBF400E。

新标准结合螺纹钢筋的生产和使用情况对一些检验项目的修改与调整，既提高了钢筋的使用性能，满足近期及相当长时间的设计和使用要求，又可使生产企业降低生产过程中的质量成本，进一步推动螺纹钢生产向又好又快的方向发展。

 复习思考题

3-1 螺纹钢常规检验包括哪几项？

3-2 怎么处理质量异议？

3-3 产品缺陷有哪些？各有什么特点？

3-4 HRB400E 力学性能检验应满足什么要求？

3-5 HRB400E 工艺性能检验应满足哪些要求？

4 螺纹钢生产管理及技术经济指标

4.1 生产组织管理

高速线材生产线生产组织的指导思想是：优化产品订单计划的品种规格，安排适合高线工艺特点的日计划、周计划和月计划，中间安排合理的换辊槽和设备检修时间，实现均衡高效生产。

高速线材的生产组织因工艺装备水平不同和生产品种不同，生产组织模式可做灵活调整，以提高设备作业率和生产效率。一般来说，对于品种规格的生产批量和顺序的安排应按照孔型系统设计特点和轧槽过钢量来考虑，应尽量减少换辊时间和满足轧辊辊环使用周期。应该注意的是，因螺纹钢孔型系统与其他光面盘条孔型系统不是一个系列，螺纹钢与光面盘条互换的时间会更长些，在编制月计划时，一般将螺纹钢集中生产。

常规的生产组织管理方案：每天上午白班换辊槽定修 40~60min，中班停车 15~20min 用于更换精轧成品和成品前辊环，根据盘条成品表面质量可能需要提前更换，需要增加 1 到 2 次更换时间。在换槽时，可同时进行全线工艺检查和设备隐患处理，每月安排 2~4 次累计时间为 8~16h 的粗中轧集中换辊和设备检修，以保障高效稳定生产。

棒材螺纹钢生产线主要生产建筑用材，市场用量大，生产组织以大批量生产组织为原则，通过订单优化，每月按工艺特点，安排各规格生产顺序，中间合理安排换辊和检修，以达到生产效率最大化。

4.2 技术经济指标

轧钢生产中，用轧钢设备、钢坯、燃料、人员等要素，表示轧钢生产中各种设备、原材料、燃料、动力、劳动力和资金等利用程度的指标，称为技术经济指标。这些指标反映了企业的生产技术水平和综合管理水平，是衡量轧钢生产管理和工艺技术是否先进合理的重要标准，是评定考核轧钢生产线各项工作的主要依据。通过对同类型的生产线技术经济指标进行对比，可以分析找到产生差距的原因，从而进一步改进工作。因此，研究分析技术经济指标对轧钢生产非常重要，对促进轧钢生产和管理水平提高具有重要指导意义。

轧钢生产技术经济指标包括综合技术经济指标、各项材料消耗指标、劳动定员及生产率指标、成本指标等。其中主要有产品产量、成材率、质量、作业率、材料备件消耗等指标。

轧钢生产中的主要材料和动力消耗有金属、燃料、电力、轧辊、水、油、压缩空气、氧气、蒸汽等。由于工艺装备水平不同、操作管理水平差别，不同的轧钢机组消耗指标会有较大差别，对某一生产线来说，不同时期因条件变化消耗指标也会有较大变化，因此，我们需要随时掌握各项技术经济指标，发现问题，及时改进。

4.2.1 消耗指标

4.2.1.1 金属消耗

金属消耗是轧钢生产中最重要的消耗指标,是轧钢成本的重要部分,金属消耗指标通常以金属消耗系数表示,指生产 1t 合格钢材需要的钢坯量。计算公式如下:

$$k = \frac{G}{Q}$$

式中　k——金属消耗系数;

　　　G——消耗钢坯质量,t;

　　　Q——合格钢材质量,t。

轧钢生产中金属消耗主要包括烧损、热切头和冷切头、切尾、中间废品、检验废品等。

烧损与加热时间、温度、炉内气氛、钢种等因素有关,加热温度越高,高温下停留时间越长,炉内氧化性气氛越强,钢坯的金属烧损就越多。螺纹钢生产根据加热炉型不同和加热温度要求差别,一般金属烧损量在 0.5%~0.8%。

热切头和冷切头的影响因素主要有钢材品种、料型控制精度、头尾缺陷长度控制和未穿水冷却长度等。热轧过程的热切头是为了保证热轧顺利而剪切的,根据实际控制情况可现场进行调整,料型控制精度越好,剪切量就越少;冷切头长度根据头部尺寸控制情况而定,对于棒材机组来说,还取决于冷床下线后的头部对齐精度,对线材机组来说,还取决于线材的头部未穿水长度。螺纹钢一般热切头比例在 0.5%~0.8%,冷切头比例在 0.4%~0.7%。

中间废品是指轧制过程中出现的堆钢等事故废品,与工艺装备水平和工人操作水平有关,一般在 0.1%~0.5%之间。

检验废品是指成品钢材检验后因表面质量和性能不合标准要求的不合格品,与生产品种和工艺控制水平有关,螺纹钢应控制在 0.5%以下。

4.2.1.2 电耗

轧制 1t 合格产品所消耗的电量称为电耗。电耗的计算公式如下:

$$k = \frac{N}{Q}$$

式中　k——单位产品的电能消耗,kW·h/t;

　　　N——轧钢过程中的全部用电量,kW·h;

　　　Q——轧制合格产品质量,t。

轧钢车间耗用的电量主要用于驱动主电机、车间内各类辅助设备。电能消耗的高低主要取决于生产的钢材品种、轧制道次的多少、轧制温度的高低、轧制机械化及自动化程度的高低等因素。在同样的设备条件下,轧制道次越多,总延伸系数越大,电能消耗就越高。轧制合金钢比轧制碳钢电能消耗高。

高速线材轧机电耗根据装备水平和轧制产品不同,一般在 40~90kW·h/t。

4.2.1.3　燃料消耗

轧钢车间的燃料主要用于坯料的加热或预热。常用的燃料有煤气、重油等。把生产 1t 合格产品消耗的燃料称为单位燃料消耗。由于燃料种类不同，其发热值也不同，所以用燃料实物量计算出来的燃耗量没有可比性。为了便于比较和考核，通常把燃料消耗折合成发热值为 29.29MJ/kg(7000kcal/kg) 的标准燃料（标准煤）消耗量，以 kg/t 为单位进行考核，其计算公式为：

$$k = \frac{G_m}{Q}$$

式中　k——单位产品的标准煤消耗量，kg/t；

　　　　G_m——标准煤耗用总质量，kg；

　　　　Q——轧制合格产品质量，t。

折算标准煤的方法是以燃料的理论发热量（一般指低值发热量）与标准煤的发热值（为 29.29MJ/kg）进行对比，例如某厂用重油做燃料，1kg 重油的发热值为 41.84MJ，如果折合成标准煤则为：

$$41.84/29.29 = 1.43　（kg）$$

也就是说，耗用 1kg 重油相当于耗用 1.43kg 标准煤。

钢材的燃料消耗取决于加热时间、加热制度、加热炉的结构、产量、坯料的断面尺寸、钢种、坯料的入炉温度等。若采用热装热送，可以大大节省燃料。

4.2.1.4　水耗

轧钢车间生产用水主要用于加热炉冷却、轧辊导卫冷却、控制冷却、设备冷却等。轧钢车间的耗水量在经济指标中常用吨钢耗水量来表示，计算公式如下：

$$k_水 = \frac{V_水}{Q}$$

式中　$k_水$——单位总量产品的水耗，m^3/t；

　　　　$V_水$——总耗水量，m^3；

　　　　Q——轧制合格产品质量，t。

棒线材车间用水量主要取决于车间规模的大小、工艺装备情况等。目前轧钢车间用水均循环使用，吨钢耗新水量约为 $0.4 \sim 0.8 m^3/t$。

4.2.1.5　工序能耗

轧钢车间生产 1t 合格产品所消耗的一次能源和二次能源的全部能量，称为工序能耗（标准煤），用 kg/t 表示。包括了燃耗、电耗、水、气等各种介质消耗等。计算公式为：

$$k = \frac{G - G_s}{Q}$$

式中　k——单位产品的工序能耗；

　　　　G——一次能源消耗总量（标准煤），kg；

　　　　G_s——商品能源（标准煤），kg；

Q ——轧制合格产品质量，t。

4.2.2 作业率

4.2.2.1 日历作业率

对于一个轧钢机组，在生产过程中都存在一定的停机时间，如故障处理时间、定期检修时间、换辊换槽和导卫更换时间等，这样轧机的实际工作时间要小于日历时间。实际工作时间是指轧机实际运转时间，其中包括轧制时间和生产过程中轧机空转时间。以实际工作时间为分子，以日历时间减去计划大修时间为分母求得的百分数称为轧机的日历作业率，即

$$\eta = \frac{T_s}{T - T_x}$$

式中　η ——轧机日历作业率，%；

　　T ——日历时间，h；

　　T_s ——实际生产作业时间，h；

　　T_x ——计划大修时间，h。

计划大修时间一年规定 6 ~ 9 天。在各种不同类型的轧机上，由于操作技术水平与生产管理水平不同，日历作业率相差是很大的。

轧机日历作业率是国家考核轧钢企业的日历时间利用程度的指标。由计算公式不难看出，轧机的日历作业率越高，轧机的年产量就越高。

4.2.2.2 轧机的有效作业率

各企业的轧机工作制度不同，有节假日不休息的连续工作制和节假日休息的间断工作制，在作业班次上也有三班工作制、两班工作制和一班工作制之分。按日历作业率考核不能充分说明轧机的有效作业情况。为了便于分析研究轧机的生产效率，可按照轧机有效作业率来衡量生产作业水平。即

$$\eta' = \frac{T_s}{T_j}$$

式中　η' ——轧机有效作业率，%；

　　T_s ——实际生产作业时间，h；

　　T_j ——计划工作时间，h。

计划工作时间根据企业的轧机工作制度来决定，如计划的大中修、定期小修、计划换辊、交接班停机时间等都要扣除掉。计划工作时间是最大可能的工作小时数，但由于设备事故、断辊、换导卫等非计划停机管理和技术上的原因，造成实际工作时间的减少，通常用时间利用系数 k 来表示。通常取 k 为 0.8 ~ 0.95，其计算方法与式中的 η' 相同。

提高轧机作业率的途径有以下几个方面：

（1）减少设备的检修时间。如加强维护延长零件寿命；在保证设备能够安全运转的情况下，减少检修次数；在检修时，实行成套更换零件的检修方法节约时间。

（2）减少换辊和导卫时间。如提高轧辊和导卫使用寿命；提高生产的专业化程度，

正确制订生产计划，减少换辊次数，做好换辊准备以缩短换辊时间等。

（3）减少机械电气设备故障、减少操作事故等。

（4）不断加强生产管理与优化技术管理，减少停机时间。

4.2.3 成材率

成材率是指1t原料能够轧制出的合格成品质量的百分比，反映了金属的收得率情况。其计算公式为：

$$L = Q/G \times 100\%$$

式中 L——成材率，%；

　　　Q——合格产品质量，t；

　　　G——原料质量，t。

由上式可以看出，成材率的主要影响因素是生产过程中造成烧损、热剪切头尾、冷切头尾、中间废品和检验废品。各种损失越低，成材率就越高，轧机的合格产量就越高。对于不同的规格和钢种，各种金属损失有差别，成材率也就不同，对于生产螺纹钢等建材生产线来讲，轧机的成材率一般在97.5%～98.5%之间。

提高成材率的途径有以下几个方面：

（1）采用先进的工艺技术，如采用连轧工艺、增大坯料断面、低温轧制工艺、无头轧制技术等。

（2）精细化管理和标准化操作，减少中间过程废品、切头尾量等。

（3）在理论交货时按负偏差轧制，螺纹钢根据规格不同负偏差率可控制在2%～5%。

4.2.4 合格率

合格率是指合格的轧制产品总量占产品总检验量与中间废品量总和的百分比。其计算公式如下：

$$M = \frac{Q}{J + F}$$

式中 M——合格率，%；

　　　Q——合格品质量，t；

　　　J——总检验质量，t；

　　　F——中间废品总质量，t。

合格品量是指计算周期内轧制产品经检验物理性能和表面质量合格的产品总量。

中间废品是指加热、轧制、精整中间过程中所造成废品，包括堆钢废品、中间甩废等。

总检验量是指轧制后产品经过检验站（台）的总检验量，不包括责任属于炼钢原因的一切废品。

合格率指标反映了轧钢车间质量控制水平和工人操作技术水平。通过原料检查、严格工艺操作控制及降低各种事故率等，可提高轧钢合格率。

4.2.5 生产率

轧钢机组的产量是轧钢车间的主要经济技术指标，单位时间内的产量称为轧钢生产率。分别以小时、班、日、年为时间单位进行计算。其中小时产量是常用的生产率，指在不考虑任何时间损失情况下的理论小时产量，用下式计算：

$$A = \frac{3600}{T}G$$

式中　A ——轧机理论小时产量，t/h；

　　　T ——轧制节奏，一根钢坯的纯轧时间加上间隙时间，s；

　　　G ——钢坯单重，t。

上式中轧机的理论小时产量是理论上可能达到的小时产量，常用来作为设计和计算使用的数据，实际上轧机的小时产量因计划检修、事故等原因要小于理论小时产量，可用下式计算：

$$A_s = \frac{3600}{T}KGL$$

式中　A_s ——轧机实际小时产量，t/h；

　　　T ——轧制节奏，一根钢坯的纯轧时间加上间隙时间，s；

　　　G ——钢坯单重，t；

　　　K ——轧机有效作业率，实际工作时间与计划工作时间的比值，%；

　　　L ——成材率，%。

影响轧机小时产量的因素有轧机节奏原料质量成材率和轧机利用系数。为了提高轧机小时产量也就是生产率，由公式可得出以下结论：

（1）适当增加原料单重。增加原料单重，小时产量提高。但应注意，当坯料单重增加后，轧制节奏也会延长，只有当坯料单重增加率大于轧制节奏增加率时，才会提高轧机小时产量。增加坯料单重可以通过加大原料断面和增加坯料长度来实施。

（2）通过提高成材率提高小时产量。由公式可知，提高成材率可提高小时产量，减少影响成材率的因素如烧损、切头尾、中间废品、精整废品、检验废品等，是需要认真研究的课题。对于各项金属损失，要分别制定具体的改进措施，研究加热技术以降低烧损；加强工艺技术管理以减少中间废品；完善设备提高控制精度减少切头损失。

（3）缩短轧制节奏，提高生产率。轧制节奏是指从开始轧制第一根钢坯到轧制第二根钢坯的间隔时间。不同的轧机类型和工艺布置，轧制节奏也不同。对于连续轧机，轧制前一根轧件完毕后，才开始轧制下一根轧件，轧制节奏就是一支钢坯纯轧时间加上间隙时间。因此，轧制节奏的控制取决于轧钢车间的自动化控制水平或工人的操作熟练程度。好的完善的自动化控制系统可使轧制节奏降至最低，对于靠人工操作的轧钢车间来讲，工人熟练程度的高低就决定了轧制节奏的长短。

每个轧钢机组一般要生产许多规格的产品，不同的产品，生产率也不同。为了对比不同轧机的生产水平，需要计算出轧机的平均小时产量（轧机生产率）。即

$$A = \frac{100}{\dfrac{a_1}{A_1} + \dfrac{a_2}{A_2} + \dfrac{a_3}{A_3} + \cdots + \dfrac{a_n}{A_n}}$$

式中　　　　　　　　　A ——轧机平均生产率，t/h；

　　a_1，a_2，a_3，…，a_n ——各规格产量占总产量的百分数；

　　A_1，A_2，A_3，…，A_n ——各规格轧机生产率，t/h。

　　轧钢车间年产量是指一年内所生产的各种产品的总产量。计算公式如下：

$$A_{年} = AT_jK$$

式中　$A_{年}$——轧机年产量，t/a；

　　A ——平均小时产量，t/h；

　　T_j ——轧机年计划工作小时数；

　　K——轧机有效作业率。

4.2.6　劳动生产率

　　劳动者在一定时间里平均每人生产合格产品的数量称为劳动生产率。劳动生产率的高低反映了劳动者在一定时间里生产产品的多少，反映了劳动者的技术水平和生产设备的先进程度，工艺装备水平越高，工人技术素质越高，劳动生产率就越高。因此，劳动生产率是考核和反映劳动效果的重要指标。

　　劳动生产率有实物劳动生产率和产值劳动生产率之分。

　　（1）实物劳动生产率。工人实物劳动生产率就是企业平均每个工人在一定时间内生产的产品的实物量。计算公式如下：

$$L_s = \frac{Q}{M}$$

式中　L_s——工人实物劳动生产率，t/人；

　　Q ——考核时间内合格产品总量，t；

　　M ——考核时间内全部职工人数。

　　（2）产值劳动生产率。工人产值劳动生产率就是工人在一定时间内生产的合格产品的总产值。计算公式如下：

$$L_V = \frac{V}{M}$$

式中　L_V——工人产值劳动生产率；

　　V ——考核时间内合格产品总量的产值，元；

　　M ——考核时间内全部职工人数。

参 考 文 献

[1] 赵松筠，唐文林，等. 型钢孔型设计 [M]. 北京：冶金工业出版社，2005.

[2] 袁志学，马水明. 中型型钢生产 [M]. 北京：冶金工业出版社，2005.

[3] 王子亮. 螺纹钢生产工艺与技术 [M]. 北京：冶金工业出版社，2008.

[4] 苏世怀，等. 热轧钢筋 [M]. 北京：冶金工业出版社，2009.

[5] 郭新文，等. 中型 H 型钢生产与电气控制 [M]. 北京：冶金工业出版社，2011.

[6] 杜立权. H 型钢的轧制与发展 [J]. 鞍钢技术，1998，(4).

[7] 刘京华，等. 小型连轧机的工艺与电气控制 [M]. 北京：冶金工业出版社，2003.

[8] 王有铭，等. 钢材的控制轧制和控制冷却 [M]. 北京：冶金工业出版社，2005.

冶金工业出版社部分图书推荐

书　　名	作　者	定价(元)
现代企业管理（第2版）（高职高专教材）	李　鹰	42.00
Pro/Engineer Wildfire 4.0（中文版）钣金设计与焊接设计教程（高职高专教材）	王新江	40.00
Pro/Engineer Wildfire 4.0（中文版）钣金设计与焊接设计教程实训指导（高职高专教材）	王新江	25.00
应用心理学基础（高职高专教材）	许丽遐	40.00
建筑力学（高职高专教材）	王　铁	38.00
建筑CAD（高职高专教材）	田春德	28.00
冶金生产计算机控制（高职高专教材）	郭爱民	30.00
冶金过程检测与控制（第3版）（高职高专国规教材）	郭爱民	48.00
天车工培训教程（高职高专教材）	时彦林	33.00
工程图样识读与绘制（高职高专教材）	梁国高	42.00
工程图样识读与绘制习题集（高职高专教材）	梁国高	35.00
电机拖动与继电器控制技术（高职高专教材）	程龙泉	45.00
金属矿地下开采（第2版）（高职高专教材）	陈国山	48.00
磁电选矿技术（培训教材）	陈　斌	30.00
自动检测及过程控制实验实训指导（高职高专教材）	张国勤	28.00
轧钢机械设备维护（高职高专教材）	袁建路	45.00
矿山地质（第2版）（高职高专教材）	包丽娜	39.00
地下采矿设计项目化教程（高职高专教材）	陈国山	45.00
矿井通风与防尘（第2版）（高职高专教材）	陈国山	36.00
单片机应用技术（高职高专教材）	程龙泉	45.00
焊接技能实训（高职高专教材）	任晓光	39.00
冶炼基础知识（高职高专教材）	王火清	40.00
高等数学简明教程（高职高专教材）	张永涛	36.00
管理学原理与实务（高职高专教材）	段学红	39.00
PLC编程与应用技术（高职高专教材）	程龙泉	48.00
变频器安装、调试与维护（高职高专教材）	满海波	36.00
连铸生产操作与控制（高职高专教材）	于万松	42.00
小棒材连轧生产实训（高职高专教材）	陈　涛	38.00
自动检测与仪表（本科教材）	刘玉长	38.00
电工与电子技术（第2版）（本科教材）	荣西林	49.00
计算机应用技术项目教程（本科教材）	时　魏	43.00
FORGE塑性成型有限元模拟教程（本科教材）	黄东男	32.00
自动检测和过程控制（第4版）（本科国规教材）	刘玉长	50.00